ペリー荻野

テレビの荒野を歩いた人たち

新潮社

テレビの荒野を歩いた人たち　目次

カバー写真　新潮社写真部
装幀　新潮社装幀室

テレビの荒野を歩いた人たち

石井ふく子

TBSプロデューサー・舞台演出家

テレビに異動が決まると「左遷されました」と言ってた時代

石井ふく子／いしい・ふくこ
一九二六年東京生まれ。六一年に東京放送（ＴＢＳ）へ入社。プロデューサーとして「東芝日曜劇場」のほか、『肝っ玉かあさん』『ありがとう』『渡る世間は鬼ばかり』など数々の大ヒットホームドラマを手掛け、舞台演出作品も多数。放送批評家賞（ギャラクシー賞）、日本女性放送者懇談会賞、紫綬褒章、菊田一夫演劇賞・特別賞、毎日芸術賞、岩谷時子賞・功労賞を受賞。またテレビ番組最多プロデュース、最高齢現役テレビプロデューサー、舞台初演作演出本数でギネスブックに三度掲載されている。

石井ふく子　TBSプロデューサー・舞台演出家

大正十五年（１９２６）、世界で初めてブラウン管に「イ」の文字を映し出すことに成功したのは、日本人・高柳健次郎《たかやなぎけんじろう》だった。昭和十五年（１９４０）に予定されていた東京オリンピックの放送を目指して実験、試験が続くが、第二次世界大戦によりオリンピックは幻となった。しかし、戦後の混乱を経て、昭和二十八年（１９５３）二月一日、ついにＮＨＫで日本初の本放送が始まった。

「電気紙芝居」と揶揄されながらも、着実に国民生活に浸透し、やがて到来するテレビの黄金期。この本では、誰も見たことがなかったニューメディア「テレビ」の荒野を開拓し、バラエティに富んだ名番組という実りを育てた人々に話を聞く。

一人めは、女性プロデューサーの草分け的存在、石井ふく子の歩みである。

一九五〇年代から、プロデューサーとしてテレビの第一線で活躍し、数々の名番組を手がけてきた石井ふく子。近年も、水谷豊主演の人情ドラマ『居酒屋もへじ』、泉ピン子らによる『渡る世間は鬼ばかり』スペシャルが放送され、好評を博した。また、二十年にわたり「日曜劇場」で親しまれたドラマ『おんなの家』（橋田壽賀子《すがこ》脚本）の舞台版を演出し、上演された。

九十代の今も「観た人が笑顔になれる作品を」と工夫を重ねる石井の「テレビの仕事」との関わりは、意外な形で始まった。

「もともと私は、ＴＢＳラジオのスポンサーだった日本電建という会社の宣伝部にいました。会社が提供していたのが、月曜日から金曜日まで毎晩十五分放送する『人情夜話』という番組で、他にも映画とのタイアップ番組では俳優さんに出てもらったりするため、私はスポンサーの立場で企画をいろいろ考えていました。そんなときに局が『これからは〝ドラマのＴＢＳ〟でいこう』と決めた。テレビ局としてカラーを打ち出そうというわけですね。そうなるとテレビドラマの企画が急遽たくさん必要になる。そこで、ラジオでいろいろ企画を考えてくるからというので、私にやってみないかと声がかかりました」

ＮＨＫで日本初のテレビジョン本放送が始まった約半年後の昭和二十八年八月二十八日には、日本テレビが最初の民放テレビ局として開局している。ＴＢＳラジオは昭和二十六年（１９５１）に開局、ＴＢＳテレビは昭和三十年（１９５５）の開局である。

とはいえ、昭和二十八年に発売されたシャープの量産第一号テレビの価格は十七万五千円（当時の国家公務員大卒初任給は七千六百五十円）。庶民の身近な娯楽は、まだまだ映画であり、ラジオであった。ラジオドラマも人気で、『人情夜話』にも芥川比呂志《ひろし》ら名優が出演し、人気を集めていた。

「ＴＢＳの社屋は赤坂にあって、もちろん、今ほどりっぱじゃありません。テレビはその中のＧスタでは音楽番組をやって、Ｃスタではドラマをやってと、スタジオを使い分けていました。でも、局の中では、とにかくラジオ優先で、誰もテレビに行きたがらない。テレビに異動が決まると『左遷されました』と言ってた時代です。そんな中で、私が日本電建の社長に相談すると、『君さえよければ』と、平日の夜と土曜の午後、本番のある日曜日に、ＴＢＳの嘱託としてドラマの仕事をしてもいいことになりました」

しかし、勤務先から異例の許可が出て飛び込んだはいいが、いざ始めようとすると、ラジオと違ってテレビドラマは経験者が少なく、困惑したという。

「みんなわからない中、手探りで頑張っている感じでした。バラエティはもちろん、ドラマもすべて生放送。サブ（副調整室）で大きな時計を見ながら『はい、スタート』とやるんです。画面の文字スーパーもサブで入れるんですが、間違うことも多くて、あわてて『違う違う』と入れ直してダブらせたりするなんてこともしょっちゅうでした」

そして、昭和三十三年（１９５８）、いよいよプロデューサーデビューとなったのが、ラジオ時代にも手がけた三島由紀夫原作の『橋づくし』という作品。演出は、ＮＨＫからＴＢＳに移り、その後フランキー堺主演のドラマ『私は貝になりたい』で芸術祭大賞（当時は「芸術祭賞」）を受賞する、腕利きの岡本愛彦《よしひこ》が引き受けてくれた。

「『橋づくし』は、名月の夜中に七つの橋を無言で渡り切れたら願いがかなうといって、いろいろな人が渡ろうとする話。でも、おなかが痛くなったり、知り合いに声をかけられて次々とダメになる。結局、願掛けしているお嬢さんの付き添いの女中さんだけが、無言で渡り切れたというちょっと皮肉な物語です。当時は五社協定（映画会社五社による専属俳優の出演規制）があり映画俳優のテレビ出演は難しかったので、舞台で活躍する山田五十鈴《いすず》さん、香川京子さん、日活の渡辺美佐子さん、新派の京塚昌子さんに出演をお願いしました。三島さんもテレビにご興味があったんでしょう。スタジオに見学にいらっしゃいました」

その後、「東芝日曜劇場」を中心に多くのドラマを手がける。企画は三か月以上前から準備を始め、出演者のスケジュール調整、脚本作り、美術の手配など、プロデューサーの仕事は目まぐるしい。しかも「準備万端整った」と思っても生放送が始まると、ハプニングの連続だった。

「『お犬さま係』の時は、白い犬が必要で手配してもらったら、本番直前に届いた犬がスピッツでした。白ければいいってもんじゃない（笑）。将軍綱吉の時代の話ですから、なんとか日本犬に見せないといけないと、化粧さんとはさみで毛を短く切りました。間に合ったと思って、ふと見たら、犬の鼻がピンクなんです。急いで黒く塗って間に合わせたら、本番中になめちゃって……。局に電話がいっぱいかかってきました。『鳴門秘帖《なるとひちょう》』というドラマでは、追われる密使が密書を投げるシーンだったのに、懐に密書を入れ忘れてた。困ったと思って探ったら、当時はギャラが放送前に手渡しだったので、その封筒を投げちゃった。この程度のことは日常でしたね（笑）」

中でも大変だったのが、放送時間にきっちり番組を終わらせるタイムキープだ。

「当時はタイムキーパーという仕事はありませんでした。CMも中CMというのはなくて、ドラマでも最初と最後に生CMをするだけ。だから本番の時には、俳優さんとCMタレントさんが現場にいるんです。長谷川伸《はせがわしん》先生原作の『子を取ろ子取ろ』というドラマでは、最後に数分、時間が余ってしまった。主役は歌舞伎の市川中車《ちゅうしゃ》さんという方でしたが、『もう少し子どもたちと走って持たせてください』と言われて、ずーっと駆けていたけど、『もう無理』と大八車《だいはちぐるま》にひっくり返っちゃって。あとは子どもをぐるぐる走り回らせてエンディングにしました。生放送からVTRになっても大変でしたよ。当時は編集ができないから、とにかく最初から最後まで撮りきるのが鉄則。あと三分、というところでNGが出て、頭から撮り直しになって夜中まで……なんてこともありましたから」

現代劇あり時代劇あり、毎週セットや衣装の準備をするのは大変だが、舞台などのベテランスタッフが支えてくれたという。そのスタッフや俳優を支えるのがプロデューサーの仕事である。

その頃、一年に十本以上の映画に出演していた大映の看板女優・山本富士子は他社出演や出演本数等について契約を守るよう会社側に求めたが受け入れられず、フリー宣言をしたところ、専属俳優・監督を他社に出さない、トラブルになった俳優はどの会社も起用しないという映画会社間の「五社協定」によって、仕事ができない状況になっていた。

「山本富士子さんが映画に出られないと聞いて、私はあの美しい人がもったいないと思ったんです。それで面識もありませんでしたけど、お電話して、ご自宅に伺いました。でも、話を聞いた山本さんは『これまでたくさんお話をいただいたものの、実現できなかった。石井さんにも御迷惑がかかる』と遠慮する。そこで、テレビは新しいメディアですから、難しいことはないです、大丈夫です、責任は私が持ちますから出てくださいとお願いしました。それでやっと『明治の女』というドラマに出演が決まりました。山本さんも悩んだ末に出てくださるんです。私は現場で『なんとしても美しく撮って！』と頼みました。照明さんはセットの庭に寝ころんで、富士子さんが歩く廊下の下からライトを当てた。その姿の美しさは忘れられないですね。

スタッフが頑張ってくれたこと、局に富士子さんを励ます電話が殺到したのもうれしかった」

昭和三十六年（１９６１）、石井は正式にＴＢＳの社員となった。その三年後、石井の作品に欠かせない脚本家・橋田壽賀子と出会うことになる。松竹脚本部を経て、活躍の場を探していた橋田が、石井と組んでサラリーマンの日常を描いた『袋を渡せば』で、本格的にテレビドラマデビューを飾ったのである。

「最初のころは、橋田さんが書いたセリフが気に入らなくて、ガンガン言いましたよ。というのも映画とドラマのセリフは違う。映画のほうがちょっとキザな感じなんです。私は橋田さんに電話して、わざと変な感じで彼女が書いたものを読み上げる。じゃあ、どう直したらいいのと言うので、『こういうセリフは日常的じゃないじゃない』と言い返す。電話で言い合いです。私の母はこっそり私のいない間に橋田さんに『うちの娘が大変失礼いたしました』って電話したそうです。自宅の電話で私が橋田さんに悪口雑言を言い放つのを聞いて、母としては謝らずにはいられなかったんでしょうね（笑）」

思ったことをぶつけ合い、脚本を練り上げていくプロデューサーと脚本家。ふたりが組んだ二作目は、テレビ史に残る名作といわれる『愛と死をみつめて』である。

不治の病である軟骨肉腫のため、顔を大きく削られる手術をし、亡くなった女学生大島みち子さんと恋人河野実さんの実話を、大空真弓と山本学《がく》が演じた。放送されたのは、東京オリンピックの約半年前。

「出版社から本が送られてきて、読んだらすごくいい話で、橋田さんに脚本をお願いしました。

ところが出来上がったのは、電話帳みたいな分厚いもの。とても一話完結にならない。それでもいい出来だったので、前後編で放送することにしました。日曜劇場で前後編は異例でしたが、大きな反響を呼びました。いろいろな学校からも『学生に見せたい』と要望があって、何度も再放送されました」

ドラマをきっかけに歌も大ヒット。映画化もされ、社会現象ともいわれるほどの評判となった。そうした反響とは別に石井には、このドラマで忘れられない出来事があったという。

「私と大空が、明石にあるみち子さんのお墓参りをして、実家のご両親に挨拶に行きました。みち子さんのお部屋は、そのままにされていました。帰りがけ、大空が振り返って『ありがとうございました』と手を振ったら、送りにみえたご両親が涙を流されたんです。聞くと、いつも同じ場所でみち子さんが手を振っていたんだそうです。不思議ですよね……。ドラマを手がけていると、いろいろな出会いがあります」

高度成長の波に乗り、時代の流れはどんどん速くなっていく。テレビは一家に一台は当たり前となり、「3C」といわれたカラーテレビの時代へ。戦争を知らない若者が豊かな時代を謳歌し始めた昭和五十四年（1979）、石井は、再び大きなドラマを手がけた。東芝日曜劇場一二〇〇回記念作『女たちの忠臣蔵〜いのち燃ゆる時〜』である。

「もともとは局から『戦争のドラマを』と要望されたんです。でも、私は戦争を経験した世代だから、戦《いくさ》は描きたくない。ならばどうしたらいいか。それでずっと気になってきたことをドラマにしようと思いました。それは『忠臣蔵』がいつも男のドラマであること。忠臣蔵の討ち入りも戦と同じで、男たちが戦いに出ていきますが、そこには彼らを支え、残された女たちがいたはずです。私はその姿を描きたかった」

忠臣蔵を女の視点で描く。それまで誰も思いつかなかったことをともにやれるのは、やはり盟友ともいえる橋田だった。橋田は石井の話を聞き、「あたし、乗った！」とさっそく資料集めに取り掛かり、親子、夫婦、姉弟、恋人、様々な関係の女たちを描き出した。大事な夫内蔵《くら》助《すけ》（宇津井健）と息子主税《ちから》（金田賢一）と別れる大石りく（池内淳子）を始め、堀部安兵衛の妻（和泉雅子）、岡野金右衛門の恋人（竹下景子）、大石瀬左衛門の姉つね（香川京子）など、さまざまな女たちの愛と悲しみを描く。

「私は、戦とはこれほど多くの人を不幸にする。それを描くことで戦争を否定したいと思いました。それでも、このドラマは製作するのに大変なお金がかかる。私は直接スポンサーに掛け合いに行きました。するとさすがに担当者もじっと考えて、ひとこと。『立ち止まって見られるドラマを作れますか』。私は『当然です！』と即答。『ならばおやりなさい』と許可が出た。でも、本当は、私は『立ち止まって見られるドラマって何だろう』って、全然わかってなかった（笑）。それでも、ああ応えるしかないですからね」

石井は製作費について問われ、「かかるものはかかるだけ」と応えたという逸話を持つプロデューサーである。どこまでもいいドラマを作るのが使命。一方で、「赤字は出さない。赤字はプロデューサーの恥」と厳しく自戒もする。

「『女たちの忠臣蔵』放送翌日、またスポンサーに会いに行ったら、例の担当者が、視聴率をご存知ですかと言うんです。私は視聴率はあまり気にしないので、知りませんと応えたら『42・6パーセントですよ！』『そうですか。立ち止まって見られるドラマになってましたか』と私が軽く数字を聞いたので、先方は驚いてましたね。私はドラマをやらせていただいたお礼を言いに行っただけだったので、その気持ちが伝わればよいと思ってました。昔はこうしてスポンサーと直《じか》に話すことができた。今はそういうことがないので残念です」

その後も杉村春子・山岡久乃・奈良岡朋子が炉端焼き屋を営む三姉妹を演じて、日曜劇場で二十年間人気シリーズとなった『おんなの家』、自身の夢だったという『源氏物語』（東山紀之主演）、そして国民的ホームドラマとなった『渡る世間は鬼ばかり』と代表作が次々と発表される。驚くのは、過去の作品であっても、そのテーマや内容はまったく古びていないことだ。二〇一七年上演の明治座版『おんなの家』は、高島礼子・熊谷真実・藤田朋子が大先輩の跡を引き継ぎ、平成の三姉妹の姿を見せた。父が遺した店の経営、相続税、こどものいない女性の老後とほのかな恋心など、四十年前に取り上げたテーマが、観客を泣かせ、笑わせた。

「そもそもこの話のきっかけは女の姉妹じゃなかったんですよ。四十年以上前、赤坂に新しくできた炉端焼きの店に私と橋田さんで出かけていったら、店の男の人が三人、とても顔が似てたんです。聞いてみると兄弟だった。これは面白いわね、でも、男の人より女のほうがいいんじゃない？　ということで、ドラマにしたんです。『渡る世間』も『おんなの家』もそうですが、どんなに時代が変わっても、私はやっぱり家族のドラマにこだわりたい。あたたかいドラマにしたいんです」

水谷豊の『居酒屋もへじ』も年に一度の放送を楽しみにしているファンが多い作品だった。

「楽しみにしているのは私たちスタッフも同じ。今は撮り終わったらさっさと帰るのが当然のようになってますけど、『もへじ』は撮影が終わってもみんな帰らないんです（笑）。そしたら、ラストシーンに出ていた桂文珍さんが短い落語を一席演ってくれた。みんな感動して『ありがとう。また来年』といって別れた。私はこういうドラマをずっと作り続けたいですね」

石井が自身の仕事を振り返って感じていることは、「素晴らしい人々との出会い」だったという。ドラマもバラエティも生放送だったテレビの黎明期《れいめいき》、慣れない機材の扱いやセット作りに格闘したスタッフ。顔がアップになっている間に衣装を着替えるなどてんやわんやの現場に戸惑いながらも演技を続けた俳優たち。中でも自身の作品のドラマ化を許可してくれた作家たちとの出会いは、石井にとっての「宝物」だと思っている。

「一番最初の作品『橋づくし』は、三島由紀夫さんの原作です。三島さんはラジオドラマの時代からお世話になっていて、快くドラマ化を許可してくださいました。このドラマには七つの橋が出てきますが、スタジオセットにはとてもそんなに作れない。それでスクリーンプロセスという技法を使いました。それは俳優が歩く橋の背景を映像でいろいろと変えて違う場所に見せるというもの。当時、まだ珍しい技法で局でも『何やってんだ』と言われましたが、三島さんはスタジオに見学にいらして、『テレビってすごいな』と言われました」

『橋づくし』放送の約二か月後、三島はＮＨＫで自身の作品「卒塔婆小町《そとばこまち》」のドラマに自ら登場し、プロローグを語った。テレビドラマ初出演である。

民放各局もドラマに力を入れ始めると、当然、原作となる小説は奪い合いになる。特に石井は毎週単発ドラマ枠の「日曜劇場」を担当していた関係で、多くの原作、脚本が必要だった。競争にいかに打ち勝つかもプロデューサーの重要な仕事だ。

「文藝春秋や新潮社の編集長にお願いをして、いい作品はゲラで見せていただいて、『これだ』と思ったら、作家に直接お願いに行きました。毎年夏、作家の先生方は軽井沢で仕事をするので、そこでお願いすることも多かったですね。『女性作家の会』もあって、壺井栄《つぼいさかえ》先生、芝木好子先生、佐藤愛子先生、吉屋信子先生たちの原作はそこでいただく。軽井沢に行ったら、ただでは帰って来ない。そうしないと単発ドラマを毎週作れないいんです」

時には出演者とともにドラマ化の御礼に行くこともあったという。

「北軽井沢で執筆されていた室生犀星《むろうさいせい》先生は、とても優しい方で、私と香川京子さんとでご挨拶に行ったら、雨で気の毒だろうとわざわざ傘を持って出迎えてくださいました。お着物姿が素敵で、しかも雨なのに白足袋にはねがまったくあがってなくて、思わずそのことを先生にお話ししたら、『そうかなあ』と笑っておられた。笑顔が印象的でした」

昭和三十三年、石井がてがけた『兄いもうと』（主演・初代水谷八重子）は、室生犀星原作の最初のテレビドラマとなった。昭和三十七年（１９６２）犀星の没後も、『簪《かんざし》マチ子』（高峰秀子主演・昭和四十三年）などをドラマ化している。

昭和四十年代半ばになると、さらにドラマ枠も増え、石井は多忙を極める。そこで一作ごとの交渉ではなく、ひとりの作家の作品をシリーズで制作し、多くの原作を映像化するスタイルも導入した。その代表作のひとつが「松本清張おんなシリーズ」である。

ホームドラマの印象が強い石井だが、松本清張おんなシリーズは、吉永小百合が刑事に張り込まれる主婦を演じた『張込み』をはじめ、倍賞千恵子の『馬を売る女』、池内淳子の『足袋』など名女優たちによる本格サスペンスドラマとして人気となった。

「原作をいただくため、清張先生のご自宅にも伺いました。でも、どの先生に対してもそうですが、ご本人を前にしても私はあまり話さないんですよ。このごろは企画書を書けといわれますが、企画書は頭の中にあるので書いて持っていくわけでもない。それでもなんとなくお話しできるようになるのは、先生方もきっと何度も自分のところに来て、お返事をいただけるまで待っているから、断るのもうるさいと思って、許してくれるんじゃないですか（笑）。清張先生も最初は気難しい方かと思いましたが、シリーズが始まると局にもよくいらして、『飯食いにいこう』と先生がいつも行く赤坂の小料理屋に連れていってくれました」

ごり押しでもなく、売り込みでもなく、誠実なドラマ作りの姿勢を伝えることで作家の心をつかむ。エージェントとビジネスライクにドラマ化権の交渉をすることも多い現在とは、プロデューサーの仕事が、まったく違った時代である。

多くの作家との出会いの中でも石井が忘れられないのが山本周五郎だった。

昭和三十年代、周五郎は横浜の旅館「間門園《まかどえん》」の離れ座敷を仕事場にしていた。「日曜劇場」

で周五郎の「こんち午《うま》の日」をドラマ化したいと思った石井は、面識もないのに恐る恐る仕事場に電話する。しかし、話をする前にプツッと切られてしまう。

「お電話では失礼だったと反省し、『これは直接お目にかかってお願いするっきゃない』と思い、間門園へ飛んでいきました。でも、呼び鈴をいくら鳴らしてもご返答はありません。一週間後にまたお伺いしましたところ、『うるさいっ！』の一言。次の回もまったく同じ。四回目に初めてガラッと戸が開き、『中に入れ』と。そのときの嬉しさは今でも忘れることができません。お部屋の片隅に座ると、先生から『ここには水か酒。それしかない。どっちだ』といわれ、『お水を』とお応えすると、『そこに水道がある。汲んで飲めっ！』。それが周五郎先生との感動的な出会いでした」

「間門園」の仕事場での山本周五郎

　ぶっきら棒でつっけんどん。気難しい作家に対してもマイペースで説得に当たるのが石井のやり方である。言われた通り水を飲んでじーっと座っていると、とうとう周五郎の方から話しかけてきた。

「ドラマ化のお話をすると、『俺はこれまで、そんなことはしたことがない』とおっしゃるので、『小説を読んだ方は多いと思いますが、ドラマでさらにファンになる方もいると思います』と懸命にお願いしました。すると先生は、一言『やれ』。『いいんですか』『いい』」

この一言で『今日午の日』はめでたく放送された。するとあちこちから、ドラマ化のお願いが来るようになり、周五郎は「うるさいから、お前がなんとかしろ」と、他局の依頼まで、石井が窓口を務めるような形になった。出版社との飲み会にも呼ばれ、酒を飲まない石井の役割は運転手。周五郎の口癖は「30キロ以上スピードを出すな」であった。しかし、30キロでは遅すぎて後ろの車から文句を言われる。石井は酔った周五郎が眠り込むのを見計らってスピードをあげて横浜に直行し、周五郎を玄関に送り届ける。すると周五郎は「帰りも30キロ以上出すな！」

コメディのようなやりとりだが、これは石井に安全運転をさせる周五郎流の思いやりなのであった。

昭和三十六年（１９６１）、ＴＢＳで「山本周五郎アワー」が始まり、石井がそのタイトル文字を直筆で書いていただきたいと頼むと周五郎は「俺が？　なんで」「何がアワーだ」などと言いながら、書いたものの、それが見事な縦書き。必要なのは横書きタイトルで、石井が書き直しをお願いしたところ、「日本の文字は縦書きだ！」と文句を言いながら、書き直した。

昭和四十二年（１９６７）、石井は周五郎の『おたふく物語』を自身のカラー作品一号に選ぶ（原作は「おたふく」）。主演は森光子。ふだんドラマに口を出さない周五郎もこの作品にだけはこだわりを見せた。

「先生には、きん夫人とご一緒になられる前の奥様との間に四人のお子さんがいらっしゃいました。『きんを貰うとき、子どもはもう要らない、生んでくれるな、と云った。きんはそれを快く承諾してくれた。その感謝の気持ちを何とか表したいと思い書いた大切な作品なのだ。勇気があるなら、ちゃんとした作品を作れ』私は一言『はい。しっかりやります』としか言えませんでした」

作家との強い信頼関係が、「日曜劇場」はじめ、「ドラマのＴＢＳ」を支え続けたのである。

面白いことに周五郎との縁は、石井の義父、伊志井寛《いしいかん》にも広がった。伊志井は新派の名優で、「日曜劇場」でも娘ふく子プロデュースで全三十二作制作された『カミさんと私』という人気シリーズを持つ、ドラマの〝お父さん〟である。

「父が売れない頃、木挽町《こびきちょう》の山本周五郎商店という質屋にお世話になったというのです。調べてみたら、周五郎先生はそのお店で働いていて、小説を送るとき住所に『山本周五郎方、清水三十六（さとむ・本名）』と記していたところ、『山本周五郎』が筆名だと勘違いされたのだそうです。父の話を先生にすると、『親父さんは、飲めるか？　ならば飲もう！』。お酒が好きなふたりはいっしょに飲むことになりました」

周五郎との縁は作家が世を去るときまで続いた。そして、父が旅立ったのも、石井がプロデュースしたドラマ『ありがとう』に出演している最中であった。

石井のプロデューサーとしての才能は、人の才能を見抜くことにも発揮される。そこから生まれたのが、国民的人気ドラマ『ありがとう』である。

『ありがとう』の脚本を担当したのは平岩弓枝。戸川幸夫《とがわゆきお》門下生で「鏨師《たがねし》」で直木賞を受賞した新進気鋭の女流作家を「脚本を書いてみないか」と誘ったのは、石井であった。

「私は平岩さんの『鏨師』をドラマにしたかった。お話をすると平岩さんが『テレビの脚本てどうやって書くの』と聞かれたので、まずテーマを決めるんです、一度スタジオを観にいらしてください、いっしょにやりましょうとお話ししました。それでご自身で脚本にされました。先生も脚本の仕事に手ごたえがあったのでしょう。その後、「日曜劇場」で池内（淳子）さん演じる芸者が主人公の『女と味噌汁』を、平岩さんの脚本でお願いしました。平岩さんは花柳界をご存知でなかった。うちの母は花柳界出身だったので、母のつてで神楽坂に行って、本物の芸者さんに会っていただきました」

気風《きっぷ》のいい芸者と周囲の人々の人情味たっぷりの物語は昭和四十年（１９６５）の第一作から三十八作続く、「日曜劇場」の名物シリーズの一つとなった。

その後、『ありがとう』にとりかかるのだが、石井には大問題があった。主役がなかなか決まらなかったのだ。

「あるとき、歌番組の収録をサブ（副調整室）で見たら、真ん中で司会やってる元気のいい子がいた。ディレクターに『あの人面白いわ、誰？』と聞いたら『チータ、水前寺清子ですよ。何か頼もうとしてもすごく忙しいですよ』と言われました。でも、あきらめきれなくて。ふと見るとそこに番組のスケジュールが貼ってあって、休み時間がわかる。この時間ならトイレに行くだろうと、私は張り込んでみました」

思った通り、水前寺はトイレに現れたが、「私は歌い手なので」と断られる。しかし、そこでめげないのが石井の仕事。

「私は毎週、トイレで待ちました。お母さん役の山岡久乃さんはじめ、周りの俳優は全員決めてました。チータには『毎週、うるさいことを言ってごめんなさい。でも、私はありがというう言葉をみんなが言えるドラマにしたい。あなたの出演がかなわなかったら、この企画は止《や》めます』と説得しました。チータは引き受けてくれましたけど、レコード会社には怒られたんじゃないかしら。もっとも私も、四月スタートの番組なのに、チータ出演が決まったのが二月で。危険な賭けでした（笑）」

女手一つで育ててくれた母（山岡）の反対を押し切り、亡き父と同じ警察官になった娘（水前寺）と彼らを見守る下町の人々。職場で出会った先輩（石坂浩二）との恋の行方も織り込まれた『ありがとう』はシリーズ化され、最高視聴率56・3パーセントという連続ドラマとしては記録的な数字を打ち立てた。

「収録は大変でした。トップ歌手のチータはとにかく忙しいから、リハーサルはいつも代役。本番少し前に到着して、すぐに収録という感じでしたね。そんな主役を山岡さんやみんなが助けた。それがあたたかさになって、よかったと思います」

石井はやはり人気歌手の佐良《さがら》直美《なおみ》を起用してドラマをヒットさせている。どんなところを見込んで起用するのか。

公私ともに親交の深かった京マチ子(左)、山田五十鈴(右)と(1980年)

「歌を歌う感性、表現力のようなものでしょうか。私は眼力はないけど、やらせちゃう力はあるのかもしれません。そして、やらせればみんなできちゃうのよ（笑）」

しなやかな強さで、文豪も人気歌手もテレビドラマの世界に巻き込んできた石井だが、ただひとり「やられた」と煙に巻かれた人物がいる。脚本家の向田邦子《むこうだくにこ》である。

昭和四年（１９２９）生まれの向田は、編集者を経てラジオドラマの脚本を書き始め、テレビでも昭和三十三年の『ダイヤル１１０番』など初期から活躍していた。特にＴＢＳでは『七人の孫』『時間ですよ』『寺内貫太郎一家』など名シリーズを生み出している。石井とは「日曜劇場」の昭和五十一年（１９７６）の『母上様・赤澤良雄』（杉村春子出演）、五十二年『花嫁』（草笛光子出演）などで組んでいる。

「向田さんは、ホンが遅いなんてもんじゃない。おまけに書いた字が読めなくて、唯一解読できるのは、脚本の印刷屋のおやじさんだけだった（笑）。それで、おうちに原稿とりに行くと、『こういうもの作ったんだけど食べてみて』とか『下町の話を書きたいんだけど、何か話なあい？』とか聞かれて、食べたりしゃべったりして乗せられているといつの間にか夜中になっちゃうから、こっちもつい『それじゃ、失礼します』って帰るんです。それで『しまった！　また、やられた』と思ってもあとの祭り（笑）。向田さんと仕事した人は、みんなこの調子でやられていると思いますよ。でも、それでも仕事を頼みたくなるのは、やっぱり抜群にセリフがうまいから。うまくなければ頼まないですよ。遅かった原稿は、プロデューサーにとっては向田さんにしか書けないステキなラブレター。そう思っていました」

昭和五十六年（１９８１）、向田は飛行機事故により帰らぬ人になる。

「事故の一報はすぐに届きました。旅立つ前、向田さんは、帰ったら舞台をやりたいとおっしゃってた……実現したかったと思います」

石井は向田の妹でエッセイストの和子《かずこ》さんはじめ、ともにドラマ作りをしてきた方たちとの家族とも交流を深めてきた。

そんな中で、「日曜劇場」でも何度か原作をもらってきた藤沢周平の家族の物語を平成二十八年（２０１６）にドラマ化した。藤沢役を東山紀之が演じた『ふつうが一番』である。

「この作品は先生の娘の展子《のぶこ》さんのエッセイにとても大好きなところがふたつあったことから企画しました。ひとつは藤沢先生が奥様を亡くされて和子さんと再婚したら、娘の展子さんが和子さんのことを友だちから『継母《ままはは》』と言われたという話。和子さんは娘さんに『それはいいことですよ。ママと母、ふたりいるのよ』と応えたそうです。それともうひとつ、やはり娘さんがお母さんの趣味は何？　と聞いたら『お父さん』と応えたという話。私は初めてドラマをつくった時から、こういう何でもないことに惹かれてドラマにしたいと思ってきました。今風に刺激的な演出はしない。どんなに文明が進化しても、血が通った心のある作品を作る。それが基本だと思っています」

杉田成道

フジテレビ ディレクター

「あんなの面白そう」と言うだけで企画が決まっちゃった

杉田成道／すぎた・しげみち
一九四三年愛知県生まれ。慶応義塾大学卒業後、フジテレビジョンに入社。ドラマディレクターとして一九八〇年代に『北の国から』シリーズを手がける。九二年に芸術選奨新人賞放送部門を受賞。主な監督作品にテレビドラマ『Yの悲劇』『失われた時の流れを』『町』『少年H』、映画『優駿　ORACION』『最後の忠臣蔵』など。

株式会社フジテレビジョンの元役員待遇エグゼクティブディレクターにして、「日本映画専門チャンネル」「時代劇専門チャンネル」を運営する日本映画放送株式会社代表取締役社長。名作ドラマ『北の国から』や映画『最後の忠臣蔵』の監督として知られる杉田成道《しげみち》は、現在も、日本の映像業界のトップとして仕事を続けている。

昭和十八年（１９４３）生まれの杉田とテレビとの接点は子どものころの「相撲とプロレス」だったという。

「小学校時代は、どこのうちにもテレビはないから、電器屋に椅子とうちわを持って行ってテレビを見るのが楽しみでしたね。相撲は栃錦、若乃花、プロレスは力道山。娯楽の中心は映画でしたが、テレビも生活の中に入ってきていました」

愛知県豊橋市で新聞を発行していた父を持つ杉田は、慶應義塾大学に進学。ジャーナリストを志す。

「大学二年生のときに東京オリンピックがあって、テレビが普及したなあという感じでした。一般の学生の下宿にはまだなかったですが、僕がいた寮にはテレビはありました。でも、あまり見てなかった（笑）。学生時代は空手部で、ろくに学校には行ってませんでした。それでも就活シーズンになると、時事問題とかを試験勉強して新聞社を受けましたが、落っこちました。当時は、今と違って何社も回ってということは全然なくて、就活はほんの一か月か二か月が勝負。決まらないと大変でした。そんな中でマスコミは、国立と早慶のみなどの学校選別があり、志望者がすごく多いけど、他の業種のように『優が二十以上』とか成績では絞られなかった。

たまたま組合問題の余波で、その年フジテレビは早慶から採る方針だったらしいとは、後から聞きました。それでも志望者は五百人くらいいたかなあ。七次面接くらいまでありました」

フジテレビは昭和三十二年（１９５７）に会社設立後、三十四年（１９５９）、新宿区市谷河田町《かわだちょう》に本社スタジオを建設。同年三月に開局、関東地区をサービスエリアとして本放送を開始している。日本初の本格的な連続テレビアニメーション『鉄腕アトム』の放送で話題を集めたのは、三十八年（１９６３）のことである。四十二年（１９６７）にフジテレビに入社した杉田の同期の男性社員は十名。報道を志望したが、配属されたのは番組制作のドラマ部であった。

「当時は報道か制作、ふたつしか志望先はなかった。その中から、営業や人事に配属になることもありました。僕は、ドラマ？　えーっ！　っていう感じでしたよ。ウワサでは、当時、組合と揉めていた会社側が、重労働のドラマ部には体力のある空手部のやつを送り込んでおけっていう感じで決まったらしいです。入社後、僕らは一週間、新人担当の人から伝票の書き方からみっちり指導を受けました。今はそんなことはしてくれないから、すごく助かりました」

配属になった途端、目まぐるしい日々が始まった。ドラマ部の新人は早速ＡＤとなるが、当時、毎週放送されるレギュラードラマにもＡＤがチーフと新人、たったふたりしかいなかったのである。ディレクターの指示のもと、ＡＤはロケの段取り、スケジュール管理、エキストラ手配、美術・衣装の確認、弁当の用意など膨大な仕事をこなさなければならない。現在もドラマのＡＤはテレビ業界でもっともキツイと言われるが、それでも一作品につき四人程度で仕事を分担している。

「ドラマのスケジュールは、二日リハーサル、二日本番、一日編集、翌日放送。下準備もいろいろあるから、ほぼ休む暇はありませんでした。僕らは台本を読んだら、１、２、３、４と番号のついた四台のカメラを駆使して、ケーブルがからまないようにそれぞれ何を撮っているか、俳優の動きも含めて頭に入れておかなければならない。最初は３２１４という順番でカメラが撮るのが、次のカットでは４３２１になっているとか、複雑です。必死だったから、仕事はすぐに覚えました」

開局時は生放送だったスタジオドラマはその頃にはＶＴＲ録画できるようになっていたが、それでもワンシーンずつまとめて撮るのが鉄則。誰かひとりでもＮＧを出すとまた頭からやり直しだった。撮影後の編集作業は、２インチのテープを顕微鏡のようなスコープでチェックしながら、カミソリで切っていたという。画像が肉眼で確認できる映画のフィルムとは違い、高価なテープ（１９５８年ごろ、アメリカから輸入された２インチテープは一時間用で百万円ほどとされる）を手作業で切りながら編集していたというのは驚きだ。

さらに驚くのは、放送当日のオンエア作業の手順である。

「放送は『送り出し』といって、オンエアの時間にぴったり合わせて映像を送り出すんです。スタジオのサブ（副調整室）にタイムキーパーが真ん中に座って時計とにらめっこ。映像と音楽をダビングして放送できる時代ではなかったので、ＢＧＭや効果音などの音は映像に合わせて別のスイッチで流さなければならない。ドラマはＶＴＲでＣＭはフィルムですから、ＣＭも別です。タイトルバックのスーパーも別。僕らＡＤは、運行表を見つめながら、ＣＭは何分何秒に出す、スーパーはここで出すと緊張しながらスイッチを押すんです」

番組は、「撮るときはディレクターが一番、放送するときはタイムキーパーが一番偉い」と言われた。人力でタイミングを計るオンエアには、当然、微妙に誤差も出る。

「なぜかスーパーは文字が出る〇・五秒前に押すことになっていた。これがなかなか難しくて、しょっちゅう押し間違えて、早く押すと女優さんの顔のアップに『演出〇〇』と文字が被ったり。押すのが遅くなると画面に何も映らず真っ白になっちゃったり。そんなことの連続でした。放送が終わるたび、あー、緊張した！　飲みに行こう！　となるわけです」

まさに時間との闘いの日々。しかし、ADにはもうひとつの時間との闘いがあった。遅筆な脚本家との攻防である。

「入社してすぐ、僕は作家の小野田勇《おのだいさむ》さんの脚本を自宅にとりに行くのが仕事になりました。朝八時にご自宅に行き、小野田家のお嬢さんが『行ってきます』と学校に行くのを見送って、応接間でじーっと待ってると、奥様が『すみません』と昼食を出してくれる。そのまま夕方にお嬢さんが『ただいま』と帰ってくるのを毎日出迎えてました。それでも小野田さんはいつまでたっても書きゃしない（笑）。ひどい時には二階から逃げちゃいましたからね」

小野田は、NHK『若い季節』や、平均視聴率45・8パーセント、最高視聴率56・4パーセントと驚異的な記録を作り、放送時には「水道の使用量が減った」と伝説を作った樫山文枝《かしやまふみえ》主演の朝の連続テレビ小説『おはなはん』など大ヒット番組を生み出し、各局から引く手あまたの人気脚本家。新米ADは超多忙作家と、まるで『サザエさん』のノリスケと伊佐坂《いさか》先生のようなドタバタを繰り広げていたのだ。

「リハーサルの日にやっと二枚、三枚と原稿が届くと、当時はコピー機がないから、待機していたアルバイトの学生に書き写してもらって出演者やスタッフに配るんです。読んでいると『あれ、こんな役が出てきた』と登場人物が増えたりしてる。こりゃ大変だと、すぐにつきあいのある劇団に電話して『四十代でこれくらいの背丈の男ひとり。明日本番だけど来られる？』と手配する。そういう伝手《つて》の作り方も叩き込まれました」

原稿獲得からオンエアまで体力勝負のＡＤ仕事を、杉田は「スポーツみたいで楽しかった」と振り返る。楽しいと思えたからこそ、続けられてきたのだろう。しかし、時には激しい対立に巻き込まれたこともあった。土曜九時のドラマ『家族サーカス』を執筆した向田邦子である。ワンマンな父親（若山富三郎）と家族のぶつかり合いを描く展開は、向田が得意とする人間描写が軸となる。しかし、現場は大変な状況だった。

「向田さんはリハーサルの段階でも原稿が来なくて、本番当日、やっと届いても文字を解読できるのが、台本の印刷屋のおやじさんひとりだけでしたから、書き写すこともできなくて。みんなでああでもない、こうでもないと考えるんですけど、らちが明かず、とうとう役者がやらないと言い出した。僕らはそれを向田さんに伝えなければいけないんですけど、向田さんからは『君たち若い人は信用しません！』と言われてしまって。さすがに参りました」

しかし、こだわりの強い個性的な作家ととことん付き合った経験は、後の杉田のドラマ作りの大きな糧となっていく。

個性的だったのは作家だけでなく、俳優たちもかなりのものであった。

中でも入社当初から杉田とよくつきあってくれたのは、渥美清だった。二階脱出作家小野田作のドラマ『くいしんぼ』に主演した渥美は、浅草フランス座などで経験を積み、テレビ黎明期から『若い季節』など名番組にも数多く出演していた。

「僕らは一日三食、会社の前の食堂で済ませるような毎日でしたけど、渥美さんとは、しょっちゅう飯に行きました。撮影で、エキストラが二十人、三十人走り回るようなシーンでは、僕ら助監督も扮装して中に入って、みんなを誘導するんですが、渥美さんは本番の最中でも僕の姿を見つけると『よう、兄ちゃん、元気か』なんて声をかけてくる。いたずら心があるんですよ（笑）」

渥美はそうしてハードワークの新人ＡＤを励ましていたに違いない。杉田がスタジオを駆けまわっていたころ、映画スターも次々ドラマに進出してきた。フジテレビでも、京都東映撮影所で製作された大川橋蔵主演の『銭形平次』などが人気を博している。しかし、テレビドラマの先駆的主役だった渥美は七〇年代以降、『男はつらいよ』シリーズで映画に没頭することになる。テレビ全盛期に映画にシフトしていった珍しい主役といえる。

テレビドラマの主役の顔ぶれが豪華になっていく一方で、脇役の多くは下積みを経験した舞台出身者だった。

「文学座の人、森繁劇団の人、みなさん、芸達者な人が多かったですよ。左卜全《ぼくぜん》さんなんか、普段杖ついて歩いていて、バスが来ると途端に杖を担いで走り出しちゃう。なんで杖ついてるんですか？　と聞いたら、『人間、まず足が弱るというでしょう。だから片方ずつしか使わないようにしてるんです』って、何がなんだかわからない。卜全さんは、セリフが出てこないとカメラにハンカチ被せたりするんだから」

左卜全は、明治二十七年（１８９４）生まれ。牛乳配達などさまざまな仕事や小劇団での活動を経て映画界入りし、『七人の侍』といった黒澤映画から「駅前シリーズ」など喜劇映画まで幅広く出演した。七〇年には歌手として『老人と子供のポルカ』をヒットさせている。実際は四十代で脚を病み、日常では松葉杖を使っていたという。

人間味あふれる役者たちがドラマを支えていたのだった。しかし、杉田を一番鍛えてくれたのは、やはりフジテレビの先輩たちであった。

「ドラマ部には五社《ごしゃ》（英雄《ひでお》）さん、森川（時久《ときひさ》）さん、岡田太郎さん、小林俊一さん、錚々《そうそう》たる先輩がいた。すごく充実していた時代で、僕はラッキーでした。今思うと、五社さんはニッポン放送、森川さんや岡田さんは文化放送、みんな出てきたところが違っていた。スタッフもラジオから来た人や、美術さんたちは舞台の世界から来た人もいて、『フジテレビ』というよりも、寄せ集めでできた『制作現場』という感じでした。全員個性的でしたね」

社会派といわれた森川時久は、両親を亡くした五人兄弟（田中邦衛、佐藤オリエ、山本圭、橋本功、松山省二）が受験や恋愛、結婚といった家庭の問題に向き合う姿を描いた青春ドラマ『若者たち』をヒットさせ、「アップの太郎」と異名をとった岡田太郎は池内淳子の『日日の背信』はじめ昼のメロドラマなどで女性視聴者を虜にした。杉田が直接指導を受けた小林俊一は、山田洋次と組んで後に映画化される『男はつらいよ』をドラマにした。それぞれ得意な分野で己の個性を存分に生かした作品をヒットさせたプロデューサー、ディレクターたちである。

「森川さんは台本にカット割りがないのが特徴でした。ドキュメンタリーのようでしたね。岡田さんは森川さんとはまったくタイプが違って、きっちりカット割りも決める。あんなに女優さんに信頼された人、モテた人はいないんじゃないかな（笑）。岡田さんの作品にしか出ないとまで言う女優さんもいましたからね。小林さんはとてもいい人で、いい意味でちゃらんぽらん。ドラマでも人物が立てば寄る（ズームアップ）、動けば引く、とわかりやすい。みんな作りたいドラマがはっきりしていて、俳優とも密に付き合っていました。その姿を見ながら、僕ら後輩も『いつかこういう作品を』と学んでいくんです」

ディレクターの中でも特に異彩を放っていたのが、五社英雄である。

「五社さんは、いつも真っ白なスーツで奥さんのことは『姐《ねえ》さん』と呼ぶし、テキ屋のおっさんみたいな雰囲気でした。会社に来ても、デスクに足を乗せて、一日中、マンガを読んでる。当時は文芸ドラマがよしとされていたので、ディレクターは小説を読む人が多かったのに、五社さんは違ってました。作ったドラマも『三匹の侍』なんか、劇画的ですよね」

五社が企画し、ヒットした『三匹の侍』は、豪快な柴左《しばさ》近《こん》（丹波哲郎）、旗本の息子で女好きの桔梗鋭之《ききょうえいの》介《すけ》（平幹二朗）、ひょうきんな槍《やり》名人桜 京十郎《さくらきょうじゅうろう》（長門勇《ながといさむ》）、世にはぐれた三人が旅をしながら悪と戦う。

『三匹の侍』には伝説が多い。たとえば「時代劇史上初めて刀で人を斬る効果音をつけた」。

ニッポン放送出身で「音」にこだわった五社は、カキンと刀がぶつかる音、ザクッと人を斬る音などを収録。よりよい音源を探して、野菜や肉をぶった切っては録音を続けたという。また「どこでもセット撮影」も伝説的。旅の話ながらロケはほとんどなく、泥田やススキの原、水車まで、河田町の本社スタジオで作ってしまった。

「五社さんは黒澤明監督に影響を受けていたと思います。森川組も徹夜が多かったですが、『三匹組』も徹夜の連続。朝、僕らが出社するとスタッフが廊下でゴロゴロ寝てましたからね。内心、三匹に行きたくないなと。でも、会社も社員もみんな若かったから無茶もしたし、自己流を通せた。五社さんも三十代半ば、他の大プロデューサーも三十代でしたからね」

そんな中で、フジテレビでは組合と経営側が対立、制作部門は切り離しが決まったのである。仕事を覚えたばかりの杉田も、思うようにドラマ作りができない可能性が高くなった。そこに「若手ディレクター五人が週替わりで音楽番組を演出」という企画があり、杉田は浅川マキをフィーチャーして斬新な演出に挑んだ。『テレビナイトショー』という深夜番組である。

「当時、激しかった全学連のデモの真ん中に浅川を入れて撮り始めました。カメラを向けられてデモの連中は『なんだお前ら』と言ってくるし、浅川は泣き出すし、大変だった。本番ではスタジオに九百枚の敷石を敷き詰めて、それをはがしながら、積んでいく。はがされると下から大きな日の丸が現れるという仕掛けです。歌は『ストレンジフルーツ』。そのころ、歩道の敷石をはがして投げて戦う『敷石闘争』というのがあって、それを意識した演出です。当然、いろいろ言われることはわかってましたが、こっちは『これが最後の演出だ。とことんやってやれ』という気持ちでしたからね。上司だった岡田さんからは『テレビを私物化してどうする。

お前らのおかげで酒が進んで困る』と渋い顔をされましたよ。でも、そのおかげで司会の伊丹十三さんと親しくなったり、こっそりフォーリーブスのショーの演出なんかもやることになった。今思うと、面白い経験でしたね」

『テレビナイトショー』は、当時、おとなの視聴者の人気を集めた日本テレビの『11PM』に対抗したフジテレビの深夜バラエティ番組だった。当時のフジテレビは、朝の『小川宏ショー』、午後時間帯の『3時のあなた』と生ワイド番組が人気を集めていたが、深夜帯は模索の時期。ドラマもTBSに『キイハンター』『時間ですよ』『水戸黄門』といったヒット作が続いていたことを思うと、フジもヒット作が待望された時期だったはずである。

そんな中での組合の要求は、現代なら耳を疑うようなものだった。

「女性社員の二十五歳定年制撤廃」

筆者は五十五歳の間違いかと思ったが、当時、女性社員は二十五歳で定年となるのが規則だったという。

「僕らの同期も女性社員は高卒後、十八歳で入社した人ばかり。他局の事情はわかりませんが、フジではアナウンサー以外、女性は二十五歳で定年となっていました。この時期、組合の人はみんな赤いバラをつけて撤廃要求の意志を示していましたね。大変な時期をいっしょに頑張った同期だから、結構仲が良くて、今でも同期会をしてますよ」

杉田はサンケイ新聞に出向となる。もともと豊橋市で「東海日日新聞」という新聞を発行していた父を持ち、自身も新聞記者志望だった杉田だが、そのころにはテレビ番組制作に魅了されていた。

「制作の水が自分に合っていたんでしょうねえ。でも、局内の制作がなくなったからどうしようもない。それはもう無念でしたよ。せっかく仕事を覚えてこれからというときでしたからね。一年間、新聞社にいて、正直辞めちゃおうかとも思いました」

しかし、杉田に再びドラマ演出の機会が巡ってきた。昭和四十八年（１９７３）、京塚昌子主演の時代劇『肝っ玉捕物帳』である。江戸神田明神下の火消し一家〝か組〟を仕切る未亡人お京（京塚）が、娘おくみ（沢田雅美）と纏持《まといも》ちの婿《むこ》唐次（伊吹吾郎）、妹おたか（朝丘雪路）の夫の十手持ちと事件を解決するという物語。京塚はＴＢＳの石井ふく子プロデュースのホームドラマ『肝っ玉かあさん』で人気を博しており、その勢いに乗っての主演。また、息子役では当時人気ナンバーワンアイドル郷ひろみが登場することで、若い視聴者獲得も狙った。他にも髪結新三《かみゆいしんざ》に古今亭志ん朝、千葉周作に丹波哲郎、か組の若衆に水谷豊が出演。美空ひばりが主題歌を歌うという豪華な布陣であった。

「僕は、新制作といわれた社外の制作部署に呼ばれた形でこの番組に入りました。時代劇はもちろん映画もドラマもよく観てましたから、時代劇制作に加わるのに抵抗はなかった。その頃、結婚した女房の義父の三木のり平さんのところに居候のようにしていたので、俳優さんの出入りも多く、京塚さんもそのひとりでした。郷さんはデビューしたばかりで、サッカー好きの少年というイメージ。水谷さんとは今でも会うと『おう』と声かけあうんですが、残念ながら『肝っ玉』以来、仕事する機会がない」

水谷は昭和四十三年（1968）、フジテレビの実写とアニメを合成した画期的なドラマ『バンパイヤ』で、狼に変身する少年を演じて実質的デビューをしている若手の演技派だった。

「『肝っ玉』は同じくスタジオドラマだった『三匹の侍』チームが撮っていたので、セット作りや植木の手配まで手慣れてはいたんですが、それでも電子編集ではないから、微妙なところをディレクターが切っていく編集に時間がかかる。作業が終わるのが朝の四時とか五時というのは当たり前でした。でも、仕事は面白かった。僕はADでしたが、この番組の二十六話のうちの一本を撮って、初めてドラマで独り立ちしたことになりました」

当時の新聞記事には、真夏の収録中、冷房完備のスタジオで、ぽっちゃり体型の京塚が息を切らしながら立ち回りをしたとか、激しい動きでセットの塀に体当たりし、スタッフ三人が支える塀が揺れてNGになったといった記述がある。放送は土曜八時。あの『8時だヨ！　全員集合』に真っ向勝負を挑んだのだった。

同時期、フジテレビの時代劇のヒット作といえば『木枯し紋次郎』がある。中村敦夫演じる孤独な渡世人・紋次郎が、長い爪楊枝をくわえたまま言うセリフ「あっしには関わりのねえこって……」は流行語にもなった。

「僕らのようにスタジオドラマを作るのはドラマ部、紋次郎のようにフィルムで撮るのは映画部と分かれてました。映画部は、黒澤明や木下恵介、小林正樹、市川崑《いちかわこん》という錚々たる監督がいた『四騎《しき》の会』とつながりがありました。紋次郎は市川崑監督の作品で、広報が売り込む文面を作っていたのをよく覚えてます。ともにフジテレビが放送をしていますが、映画部は京都中心でドラマ部は東京で、制作は別働でした」

紋次郎の第一シリーズの正式名は、『市川崑劇場　木枯し紋次郎』である。このシリーズは、テレビドラマ史の中でも大きな意味を持つ。もともと撮影する予定だった大映が倒産。撮影所がロックアウトされ、急遽、大映映画製作に携わった人々が作った新会社「映像京都」が、使われていなかった他社のスタジオを借り、なんとか放送にこぎつけたドラマだったのだ。

「映画がダメになって、娯楽は完全にテレビが中心になってましたね。どこの家にも茶の間にテレビがあって、家族みんなで観る。番組のカラー化も進みました。スタジオドラマも僕が入って二年目にはカラー化が始まって、七〇年代に入る少し前から〝実験テレビ〟といって、白黒からカラーにする実験もしました。スタジオがライトだらけで暑くて、カラーは大変だなと思った（笑）。テレビが進化していくのが、よくわかりました」

残念ながら、『肝っ玉捕物帳』は、その年の四月に50・5パーセント（関東地区）という驚異的な視聴率を記録していたお化け番組『8時だョ！　全員集合』（このころ、加藤茶のギャグ「ちょっとだけよ」が人気を集めた）を越える結果は出せなかった。しかしその後、杉田のテレビマン人生にも大きな影響を及ぼすフジテレビの大改革が始まる。

「『母と子のフジテレビ』をキャッチフレーズに、ずっと『ママとあそぼう！　ピンポンパン』やアニメとか子ども番組に力を入れ、業界四位にいたフジテレビが大きく変わったのは、八〇年代です。社長だった鹿内信隆《しかないのぶたか》さんが、ニッポン放送にいた息子の春雄《はるお》さんを副社長にした。管理職の顔ぶれが変わり、外にいた制作の人間がどんどん呼び戻されて、また社内制作体制になったんです。企画力があれば、どんどん採用される。社内の雰囲気が変わりました」

　そんな環境の中で、昭和五十六年（１９８１）にスタートしたのが、『北の国から』であった。都会生活の中で、妻（いしだあゆみ）と別れた主人公・五郎（田中邦衛）が、北海道富良野に移り住み、厳しい環境の中で、蛍（中嶋朋子）と純（吉岡秀隆）のふたりのこどもを育てる。不器用ながら心優しい五郎と、彼を支える地元の仲間、社会の荒波にもまれながら成長していくこどもたちの姿は、大きな感動を呼び、以降、長期シリーズになった。ロケ地には観光客が押し寄せ、♪あ〜あ〜と歌詞のない叙情的な主題歌は、さだまさしによって紅白歌合戦でも歌われた。まさに国民的ドラマとなった。脚本は富良野在住の倉本聰《そう》である。

「フジテレビの改革の中で、『芯になるドラマが欲しい』と始まった企画でした。視聴率はバラエティが獲る。それに加えて優良スポンサーがつくドラマが必要だったということです」

「視聴率はバラエティが獲る」の言葉通り、フジテレビは八〇年以降、名物プロデューサーといわれた横澤彪《よこざわあきら》らが漫才ブームを巻き起こし、ビートたけしや明石家さんまらを起用した『オレたちひょうきん族』が、お化け番組といわれたＴＢＳ『８時だョ！　全員集合』と激突、勢いをつけてきた。

　元ニッポン放送社員だった倉本は、昭和四十九年（１９７４）の大河ドラマ『勝海舟』降板以降、テレビとは距離を置くと公言していたが、フジテレビとは『６羽のかもめ』というドラマで接点があった。このドラマは、解散の危機に直面した劇団員たちが芸能界で生き残りを目指すというストーリーで、テレビドラマがテレビ業界の内幕を描いたと、今も伝説的に語られる作品である。

その倉本の新作『北の国から』は、とにかく型破りであった。半年の連続ドラマのため、ほぼ一年間、富良野で撮影を決行。俳優たちもリアルな大自然と格闘しながらの演技が要求された。

「フジテレビとしても清水の舞台から飛び降りる覚悟だったと思いますよ。俳優もスタッフも撮影前から全員現地に合宿。予算は普通のドラマの二倍。それでも最初のシーズンで一億円赤字が出た。視聴率も初めは低迷しましたが、中盤から上がって20パーセントを超えてきました」

『北の国から』撮影現場にて、倉本聰（左）と

杉田が強烈に感じたのは、倉本脚本の奥深さだったという。
「まず、倉本さん指導の本読みのときは俳優全員が揃わないとダメ。そこにいない人はキャスティングしてはいけない。シーンとして物音ひとつしない部屋で本読みするんですが、倉本さんはどんなベテランにも言うべきことはとことん言う。『ここに〝間《ま》〟ってあるのは、どういう意味かわかる？　なんで次のセリフがそういう風にしか出てこないんだ』と言った具合です。あの大滝秀治《ひでじ》さんが涙を流して『倉本《くらも》っちゃん、君は役者の気持ちがわかってない』と抗議したことすらあった。でも、僕も繰り返し脚本を読み、場面を作り続ける中で、だんだん、そうか、ここは『。』じゃなくて、『、』だよなと、倉本さんの意図がわかるようになりました。　脚本は本当によくできているんです」

完璧を求め、毎日ロケ現場に足を運ぶ脚本家の熱意に応えるべく、杉田の演出にも熱が入った。筆者は以前、『北の国から』にレギュラーで長く出演していた地井武男《ちいたけお》から、このドラマの「怖さ」を直接聞いたことがある。実生活で妻をガンで見送ったばかりだった地井は、ドラマでも妻をガンで亡くす場面を演じることになったのだ。「あと三月もたない」など、過酷なセリフを地井に言わせることを、倉本でさえためらったのに、杉田は「できる」と言い切った。辛すぎるセリフに、さすがの男気俳優も涙も鼻水も止められない。迫真のシーンとなった。だが、杉田はその場面を「もう一回」と撮り直しを求めた。それは地井の表情があまりにリアルで、ドラマの中で浮いてしまうという心配があったからだが、俳優にとって、これほどキツい「もう一回」はなかったはずだ。

唐十郎《からじゅうろう》を本物の流氷の上に立たせたり、ガッツ石松の下で特訓させた岩城滉一を、本物のボクサーと闘わせて本当にノックダウンさせるなど、語り草になるシーンは数知れず。豪雪の中でも長時間撮影が続く。我慢比べのような現場では、画期的な新機材が活躍したという。

「全編ロケですから、フィルムで撮ろうと思っていたら、たまたまソニーから小型ビデオ機材が出た。それだと壮大な自然も図体の大きな動物も撮れる。今までとは違う躍動感が出せたと思います。岩城さんが四回戦ボーイと闘って倒れたシーンは、本当に救急車を呼んで大変だった。俳優も僕らも命かけてやってたと思います」

杉田はこの作品で、テレビドラマ制作の変化を感じ取っていた。

「僕らが仕事を始めた六〇年代から七〇年代半ばまでは〝ＰＤの時代〟。プロデューサーやディレクターがそれぞれの個性を活かして番組を作る時代でした。それが七〇年代後半から八〇年代以降は脚本家、作家の時代に入る。倉本さん、山田太一さん、向田邦子さん、早坂暁《あきら》さんといったトップクラスは大活躍しますし、視聴者も脚本家で作品を選ぶようになってきました」

やがて時代はバブルに突入。フジテレビはトレンディドラマなど時代の空気を巧みに取り込んだ作品で、若者世代を確実につかんでいった。しかし、それから三十年余りの時を経て、テレビの世界はすっかり様変わりした。

「黎明期のテレビは、ＴＢＳの〇〇とか、日テレの〇〇とか、各局にサムライがいて、みんなその名前を知っていた。フジテレビにはやんちゃな中学生のような人がいっぱいいてね（笑）。予算もどんぶり勘定だったし、『あんなの面白そう』と言うだけで企画が決まっちゃった。なんでもアリで『やっちゃえ、やっちゃえ』でした。半年クールで制作している最中に次の企画を決めなきゃいけないから、先輩も『そんな感じでよろしく』と言って、僕らに任せてしまう。のびやかでいい加減。だからいい時代だったとは言いませんが、今はマーケティングをして、ターゲットを絞って狙う。失敗は許されない。昔は加点方式というのか、『これやってみよう』という企画だったのが、今は『これ、やっちゃダメ？』と減点方式で決まるでしょう。これだ

『小さな橋で』主人公役の田中奏生君と

と予定調和に陥りやすいし、ドラマが平均化しやすい。製作者としては辛いと思いますよ」

「作り手が楽しんでない気がする」という杉田には新人時代、忘れられない経験がある。

「僕が企画した『赤ちゃんがいっぱい』というドラマが数字的に苦戦していたとき、当時の営業部長だった日枝《ひえだ》（久《ひさし》・後の社長）さんが『人はいろいろ言うけど、俺は評価するよ』と言ってくれた。おトキさん（『欽ドン！』など名物番組を育てた常田《ときた》久仁子《くにこ》）は、『ここに座んな』と僕を座らせて『あんた面白いよ』と励ましてくれた。みんなが僕のことを見ていてくれる。うれしかったね。作り手が頑張ろうと思えるような環境作りも大切。僕ら世代がやっていくべきことでしょう」

平成二十九年（２０１７）、杉田が発表した、藤沢周平新ドラマシリーズ第二弾『橋ものがたり』の『小さな橋で』は、江戸の片隅で生きる少年が、行方不明の父を思いながら、母や姉、幼なじみと関わり、成長する姿を描く時代劇版『北の国から』ともいえる作品だ。撮影前に出演者を集めて徹底的にリハーサルを行い、繰り返し、土手を走り続けた子役の下駄が割れたというエピソードは、いかにも杉田らしい。

ドラマ黎明期の製作者魂は、ここに生き続けている。

橋田壽賀子

脚本家

一流にはなれなくても、二流で結構

橋田壽賀子／はしだ・すがこ

一九二五年京城府生まれ。松竹の脚本部を経てフリーの脚本家となり、『愛と死をみつめて』『おんな太閤記』『おしん』『春日局』『渡る世間は鬼ばかり』などのヒットを飛ばす。ＮＨＫ放送文化賞、菊池寛賞などを受賞、二〇一五年に脚本家として初の文化功労者に選出される。一九九二年に橋田文化財団を設立し、放送文化に貢献した人物や番組に送られる橋田賞を創設した。

女性シナリオライターの草分けとして、多くのヒットドラマを手掛けた橋田壽賀子。大正十四年（１９２５）生まれの橋田のキャリアの始まりは、戦後の映画業界であった。

「早稲田の学生時代、叔母のところから学校に通っていましたが、大阪の両親からは早稲田に進んだことで勘当《かんどう》状態でしたし、お金もなくて困っていました。そんなときに大学の仲間の齋藤武市《ぶいち》さんが、松竹で採用があると教えてくれました。私はもともと演劇がやりたくて、久板《ひさいた》栄二郎先生のところで学んでいましたが、松竹に入ればお金ももらえて勉強もできる。それでいいやと採用試験を受けることにしたのです」

　ところが、映画の知識がほとんどないまま受験したため、試験問題はちんぷんかんぷん。それでも千八百人もの希望者から五十人の採用者に残れたのは、仲間のおかげだった。昭和二十四年（１９４９）、橋田は松竹に入社。同期には、のちに日活に移り、小林旭の渡り鳥シリーズや『愛と死をみつめて』の演出家として活躍する齋藤をはじめ、『人間の証明』『典子は、今』の松山善三、『狂った果実』の中平康《こう》らもいた。

「問題の中に『マダムと女房』とあるけど、それが何かわからない。『寿々喜多呂九平《すすきたろくへい》』って誰？『ＴＫＯ（テクニカルノックアウト）』は東横線のことかなというくらいですから（笑）。でも、わからないことがあると、武市《ぶいち》っちゃんたちが教えてくれた。カンニングで入社したようなものです」

　半年の養成期間の後、齋藤らは「演出部」に。橋田ら六人はさらに半年の養成を経て、「脚本部」に配属された。女性は橋田ただひとり。女性のシナリオライター第一号となったのだ。

女性シナリオライター第一号として雑誌にも載った

「ところが、母があわてて会社に『こんなやくざな仕事を娘にさせられない。不合格にしてくれ』なんて長い手紙を寄こしたので、見かねた上司が『どうする』と聞いてくれました。私は、ここで辞めたら母の敷いたレールに乗る人生になるので嫌です、と応えました。そこで辞めるのではなく、京都の撮影所へ行くことを勧められました。京都なら大阪の実家から通えるだろうと。母の気持ちも汲んでくれたわけです。でも、結局、私は母と喧嘩して京都に下宿して仕事に通うことになりました」

しかし、京都の撮影所は「因習だらけ」の現場だった。

「ちっとも仕事させてくれないんですよ。最初のころこそ、婦人雑誌に取り上げられたりしてモテましたが、社内でも『女に何ができる』『女のセリフをうまく書くのは男だ』と言われるばかり。当時、脚本家の先生は旅館にこもって書くのが常で、何人か手伝いにも行くんですが、私が行くと部屋をひとつ余計にとらないといけないからと敬遠されるんです」

女性シナリオライターの活躍の場はなく、回って来るのは先生の奥様のお手伝いばかり。そうじ、料理、犬の散歩、酒宴では当然のごとくお酌を要求される。

「女はダメだとみんなに嫌われて、私も『お酌のために会社に入ったのではありません』と不遜な態度でした。ある時、あんまり腹がたつから、散歩していた先生の犬を蹴っ飛ばしたんです。次の日、その犬が私にほえたので、奥さんから『うちの犬をいじめたわね』と見破られて、お手伝いもクビになりました。犬もよく覚えているんですよね（笑）」

京都で居場所がなくなりかけたとき、大庭秀雄監督から「この子は京都では潰れちゃう」と、東京での仕事を与えられた。新藤兼人《かねと》との共同脚本作品『長崎の鐘』である。やっと脚本の仕事が、と思ったのもつかの間、今度は人員整理で秘書課に異動。ついに「私はお茶くみをしに入社したわけではありません」と退社を決意する。

「結局、会社には十年在籍して三十四歳で辞めました。実は辞める前から少女小説を書いていて、そこそこのお金は稼げたんです。小鳩くるみさんと松島トモ子さんの写真小説とか、高橋真琴さんの漫画の原作などを書いては、お金が入ると全国のユースホステルを回って旅をしました。女ひとりじゃ旅館も泊めてくれない時代でしたから。ユースホステルでは、それまで知り合えなかった人たちと知り合えた。お金持ちもいれば、工場のラインで働く人、大学生、ラーメン屋、ここでいろんな人と出会えたのは後にドラマを書くのにも大きな財産になりましたね。やっぱり人間はダメなときの暮らしが一番大事なんですよ」

そんな中で、いよいよ活躍の場をテレビへと移すことになる。

「映画時代はテレビなんか見たこともなかった。映画の人はテレビを軽蔑して、未来はあるのかと本気で思ってました。テレビの台本を書いたりすると『堕ちたな』と言われるんです。でも、会社を辞めた皇太子のご成婚の年、私は月賦でテレビを買いました。狭い六畳の部屋でテレビを観ていたら、皇太子ご夫妻の姿が映しだされた。これはすごいことだと思いましたね。その場に行かなくてもご夫妻の映像が茶の間に入ってくるんですから。これからはテレビの時代だ！　と思って、伝手を頼ってテレビ局に原稿を持ち込むことにしました」

その伝手とは、やはり映画で落ちこぼれた先輩ライターだった。当時、日本テレビには『夫婦百景』、TBSには『おかあさん』という新人ライターの登竜門となるドラマシリーズがあり、その担当者の机には持ち込みの脚本が山積みされていたという。

「私は書いた原稿に赤いリボンをつけて、担当の方に『赤いリボンが私です』と言って手渡しました。でも、なかなか採用されません。ある時、日テレの方が『君の原稿を電車の網棚に忘れた』と言うんです。ひどいですよね。でも、うちには下書きがあったから、次の日、それを渡しに行きました。その人も原稿を失くして悪いと思っているから、また届けられてはドラマにしないわけにはいかない（笑）。それで芦田伸介さんと浅茅《あさじ》しのぶさんでドラマになった。ちょうど同時期に、TBSでもやっと採用されて、初めてドラマになりました」

広いオープンセットでの撮影や大規模なロケも多い映画と比べ、当時のテレビ局は規模も小さく、渡り廊下を通ってスタジオや食堂に移動するような建物だった。フィルム撮影の映画の世界にいた橋田は、初ドラマ化で、映画とテレビの違いにとても驚いた。

「まず、TBSは生放送だったこと。スタジオの上の部屋から見学させてもらったんですが、映らないところでスタッフが走り回って大変なんですよ。日テレはVTRでシーンごとに撮りますから、その違いにも驚きました。それとテレビは、セリフをひと言も変えないことにも驚きましたね。映画の脚本だと演出家が変えて、俳優が変えて、どんどん変わって『あたしのホンじゃない』と思うようなことばかりでしたから。テレビだと『ここは変えてもいいですか』と丁寧に問い合わせがくる。私はもう『どうぞ、どうぞ』ですよ（笑）」

デビュー作が評価された橋田に、少しずつテレビの仕事が依頼されるようになる。当時、人気を博していたTBSの看板ドラマのひとつ『七人の刑事』からも声がかかった。

「私は不倫と人殺しは嫌い、書かないと決めているんですが、当時はそんなこと言ってはいられませんでした。そのうち『七人の刑事』の演出家から、今度、東芝のドラマ枠ができる、君を推薦しておいたと、プロデューサーの石井ふく子さんを紹介されました。そのころ、すでに石井さんは雲の上の人。その人が私には『好きなものを書きなさい』と言うんですよ。好きなものと言われても、私は恋愛もしたことないし、でも叔母夫婦を見てるから亭主が威張ってる夫婦の話なら書けるかな、ダメでもともとだと思って書いたのが、『袋を渡せば』でした」

おれのおかげだと給料袋を渡す亭主。でも、その半分は妻の働きではと問いかけるドラマは、橋田ドラマの原点ともいえる。

「初めて脚本を読んだ石井さんは『なんでもないドラマだけど面白いわね』と言ってくれました。でも、セリフはずいぶん注意されましたね。私は映画のシナリオを勉強していたので、どうしても浮いたセリフが多かった。もっとリアリティのあるセリフにしてくださいと言われました」

橋田は、石井との仕事はこれきりになっても仕方ないと思っていたというが、その後、今も名作として語り継がれる『愛と死をみつめて』で再び組むことになる。

原作は、軟骨肉腫のために顔を大きく削られる手術をし、二十一歳で生涯を閉じた女学生ミコ（大島みち子さん）と恋人マコ（河野実さん）の三年に及ぶ文通を元にした実話。橋田が仕上げた脚本はぶ厚く、一時間枠の「東芝日曜劇場」では、とても放送できない分量だった。

「石井さんからは『何時間の枠だと思ってらっしゃるの』と言われましたが、私は『これ以上削れません』とお応えしました。内容を読んだ石井さんは、東芝に直談判に行って、前後編になるのを渋る先方に、『それならナショナル劇場に持って行きます』と言ったそうです。そう言われては東芝もびっくりしたでしょう。放送は前後編になりました」

大空真弓、山本学が演じたドラマは高視聴率を記録。再放送の要望が局に多数寄せられた。その後、吉永小百合・浜田光夫主演で映画化もされ、青山和子の歌も大ヒット。「大反響になるとは夢にも思わなかった」という橋田は、石井との二作目にしてテレビ業界から注目を集めることになった。

また、昭和三十九年（１９６４）、東京オリンピックが開催されたこの年、橋田にとってもうひとつ大切な作品がスタートしている。連続ドラマ『ただいま11人』である。山村聡・荒木道子が演じる、サラリーマンの父と良妻賢母の早乙女夫妻と九人の子どもたち（池内淳子、渡辺美佐子、中原ひとみなど）が、父の定年やそれぞれの進学・就職などを考える大家族の物語。その企画をしたのが、後に橋田の夫となるＴＢＳの岩崎嘉一《よしかず》だった。

「当時、都市の核家族化、少子化が言われ始めていて、それなら逆に大家族を書こうと主人が考えたんですね。私としても、ドラマを長く続けるためには、登場人物は多い方が助かる。ひとりの主人公だと話が続きませんが、何人もいたらそれぞれにエピソードを書けますからね。だから『渡る世間は鬼ばかり』も女の子が五人いる夫婦の話で。それで長く続いたんですよ（笑）」

ドラマスタート後、渡辺美佐子がＴＢＳの演出家・プロデューサー大山勝美と結婚。披露宴のテーブルで岩崎と同席した橋田は、その後つきあいはじめ、五月十日に入籍した。

「その日は彼が青春のすべて、命をかけたＴＢＳの創立記念日であり、私の誕生日でした。私がその日に生まれてなかったら、結婚してなかったでしょうね（笑）。ちょうどそのころ、昼の帯ドラマで映画時代と同じような嫌な思いをしていて、もう仕事が嫌になっちゃっていたし、夫が月給渡してくれて、あくせくしなくてすむならどんなにいいだろうとは思ってましたけど、私は四つも年上だし、申しわけないような気持ちでした」

映画時代と同じ嫌な思い。東京オリンピックを経て、娯楽の主軸が完全にテレビに移ると、映画界からも俳優・スタッフが参入してくる。スクリーンでしか観られなかったスターの姿をテレビで気軽に楽しめるのは視聴者にとってはうれしいことだが、現場では苦労も多かったのだ。結婚直前、橋田は石井がプロデュースした長谷川一夫主演のドラマ『半七捕物帖』を担当し、ここでも困難に直面する。

「これは本当に大変でしたね。とにかく長谷川一夫さんは自分を立たせたい方で、気まぐれで

『別の（セリフ）を考えてくれ』と言われる。事件ものだし、思いつきで変えられるとつじつま合わせが大変なんですよ。とうとう石井さんも降りちゃった。私は新春公演の舞台の脚本も頼まれましたが、大晦日に脚本を直せと言われて、大ゲンカです。こういう思いは二度としたくないと思いましたよ」

フリーランスの立場で仕事を失わないために、無理難題に文句もいえない。そんな日常を変えてくれたのが結婚だった。

「子どもも生むつもりでしたから、仕事は辞めようと思っていました。当時は封筒に入ってましたから、夫の月給は神棚に上げて拝みました（笑）。結婚後もテレビ局は忙しくて、うちに夫の職場の人が来て、徹夜で編成表を作ったりしてましたね。主人はマザコンで、実家に近い沼津に家を建てちゃうような人。夕食は食べなくても作っておかないと怒られるから作るんですけど、結局、私が食べることになって、どんどん太り、私の体重は74キロになりました」

もっとも大人しいだけの妻ではなかったようで、朝帰りした夫に腹をたて、「背広もずいぶん切り刻んでやった」という。まさにドラマそのものという気もする。

「子どもはできなかったので、仕事は続けることになりましたが、『オレはシナリオライターと結婚したわけじゃない。オレの見ているところで原稿用紙は広げるな』と言うので、とにかく夫がいない時間に必死に書くんです。それでも不思議なことに、主人がうるさく元気だった時期のほうが仕事をたくさんこなしていたんですよね」

〝月給がついてる〟ために生活の不安がなくなった橋田は、積極的に意見を出せるようになった。そこで降板を決めたのが、TBS『時間ですよ』である。

もとは昭和四十年（1965）に「東芝日曜劇場」で単発放送された橋田脚本ドラマが、七〇年代にシリーズ化されたもの。森光子・船越英二演じる夫婦が営む銭湯を舞台に、家族や従業員、常連客などを巻き込んで毎回ドタバタの騒動が起こる。その合間には、堺正章や悠木千帆（後の樹木希林）、浅田美代子らがギャグを飛ばし、天地真理が歌を歌う。風変りなドラマだった。

「このドラマは、お笑いの場面は脚本を書かなくていいと言われました。台本がなくていいドラマならライターはいらない。これがわからないと今どきの若者がわからないというなら、わからないままでいいんです。だからやめちゃった。書かなくていいと言った演出の久世光彦《くぜてるひこ》さんとは、もう仕事をしないと思いました。後に何かのお祝いの会で席が近くても、お互いお辞儀もしなかった。こういうことも結婚したからできるようになったんです」

筆者はこのドラマに関して取材したことがあった。台本のないギャグは出演者自身のアイデアが要求され、演出家が納得するまで終わらないため、数分のシーンの収録が長時間に及ぶこともあったという。

「思えば六〇年代、七〇年代くらいまでの昔のテレビマンは、テレビが好きでしたね。各局にサムライみたいな人、猛者がいた。大山さんも久世さんもそうだったと思います。今のテレビマンはみんなお仕事で、ハイ、一丁上がりみたいにしてこなしている人が多い気もしますね。予算がないから、それも仕方ないんでしょうけど」

結婚したことは別のカタチで仕事に影響してきた。NHKの連続テレビ小説（朝ドラマ）執筆が決まったのである。

「これは冗談だったかもしれませんが、朝ドラマは結婚しているライターだから頼むと言うんです。結婚していないとスキャンダルが恐いと」

当時の朝ドラマは一年間の放送。昭和四十三年（1968）春スタートの、NHK初のカラーの朝ドラマ『あしたこそ』全三一五話の準備が始まった。

昭和三十六年（1961）、第一作『娘と私』が放送された朝ドラマは、昭和四十一年（1966）の『おはなはん』（主演・樫山文枝）が平均45・8パーセントの高視聴率を記録するなど、NHKの看板ドラマ枠として人気を集めていた。実力派ライターの活躍の場であり、主にオーディションで選ばれる新人女優の登竜門にもなっていた。『あしたこそ』の主演は文学座出身の藤田弓子である。

物語は大学進学、就職、結婚と人生の転機を自分なりの力で進んでいく娘（藤田）と彼女を理解しようとする両親（中村俊一・中畑道子）が中心となる。倍賞千恵子が歌った主題歌も話題になった。

「朝ドラマの準備はだいたい一年前から。放送も一年間ですから、ほぼ二年はかかりきりになりますね。NHKなのでCMはないし、十五分間ぴったり書かなければいけない。それと初のカラー作品ということで、ビデオ編集がとても高価で三回しかできないというんですよ。だからワンシーン五分ずつ撮る。五分の場面を埋めるために、困ったときはセリフを長くして伸ばすしかない。そのクセで私のセリフは長くなったのかもしれませんね（笑）」

橋田脚本の特徴といえば、長いセリフ。筆者は以前、橋田脚本の大河ドラマ『春日局』に徳川家康役で出演した丹波哲郎から、「この長セリフはオレへの挑戦かと思った」と聞いたことがある。台本にして数ページ、大御所家康が己の考えをとうとうと語る場面だが、丹波はセリフを覚えてこないことで知られた俳優。しかし、脚本家の挑戦と受け止めた丹波は、見事に数分間のシーンを一発オーケーで成し遂げ、大河ドラマの中でも名場面のひとつとして語られることになった。

しかし、丹波が「オレへの挑戦」と受け止めたセリフは、実は丹波を意識して書いたものではなかったという。

「私はキャスティングに口出ししたことはないですよ（笑）。私が口出ししたら、そのドラマは私の色しか出ない。それじゃあつまらないですよ。違う色が出た方が面白いんです。毎回、この役は誰がやるのかしらと私自身が楽しみにしているんですから。私は稽古場にいかないし、本読みにも行かない。ＮＨＫのスタジオには行ったこともないです」

ドラマ界には「橋田ファミリー」と称される常連俳優がいるように語られるが、それはあくまで局側のキャスティングが基本。長期ドラマが多いため、「おなじみ」感が生まれているのかもしれない。

「私のドラマの出演者はみんな仲が良いと言われますが、もともと家族の物語が多いし、私は脚本の中で仲良くなるように書きますからね（笑）。そうしないと（長期ドラマは）持たないですよ」

もうひとつ橋田脚本の特長といわれるのは、日本語の豊かさだ。「拵《こしら》える」「誂《あつら》える」といった言葉づかいやきちんとした敬語の使い方に、日本語の美しさを感じる視聴者も多いはずだ。

「もともと日本語の先生になりたいと思っていたので、日本語、特に敬語は大事にしたいと心がけています。ら抜き言葉や短縮した言葉は嫌ですね。そういう言葉を入れないと伝わらないというなら、書かなくていいやと思ってます」

さらに驚くのは、橋田脚本には「ト書き」がないことである。

「以前、『窓の外を見る』と書いて、女優さんがその通りの動きをしたら、演出家に『なんで窓に行くんだ』と怒られたというんですね。以来、動きは演出家にまかせて、脚本家はテーマとセリフで物語を作ればいいと思うようになりました。俳優さんがどんな動きをして見せてくれるのかも楽しみにしているんですよ。私にとっては、脚本はお嫁に出した娘。あとはお任せです」

橋田の朝ドラマは、その後、最高視聴率62・9パーセントという驚異的な記録を打ち出し、海外でも大人気となった『おしん』、泉ピン子が旅館の後妻となり奮闘する『おんなは度胸』、自身の半生とも重なる展開で話題となった『春よ、来い』がある。「NHKは原稿料が安くて」と笑うが、それでも書き続けたのは、放送期間が長く、幅広い世代に親しまれる朝ドラマは、シナリオライターとして挑み甲斐があったということだろう。

朝ドラマに続き、一九七〇年代にもNHKで新たなヒット作を出した。嫁姑問題をとりあげた『となりの芝生』である。

「夜の連続ドラマ枠の『銀河テレビ小説』で何を書きますかと言われて、私は結婚してマザコンの夫と姑に接してましたから、嫁姑をテーマにとお話ししたら、『今どき、嫁姑は無いでしょう』と言われました。でも、たまたまプロデューサーが嫁姑問題を抱えてらして（笑）それでいこうと作ったら、当たったんですよ」

1983年放送　朝の連続テレビ小説『おしん』第一回脚本

　主人公・知子（山本陽子）は、サラリーマンの夫（前田吟）とこどもたちと平凡だが幸せな毎日を送っていた。しかし、郊外にマイホームを買ったところ、夫の兄のところにいた姑（沢村貞子）が同居を始める。家事のやり方や教育方針で姑と対立し、へとへとになった知子を夫はかばうこともなく……。「辛口ホームドラマ」と呼ばれ、大きな反響を呼んだこの作品は、視聴者を「嫁派」と「姑派」に二分したといわれる。

「姑のことを強引で口うるさいとか思った人もいるかもしれないですけど、姑には姑の理屈があって、筋が通っているんですよね。どちらがいいとか悪いとかじゃないのが、家族の難しいところ。価値観の違いがドラマになるんです。私は自分が結婚して、それがよくわかった。私も腹立つことが多かったけど、それをお金にしてしまいました（笑）」

そして初の大河ドラマ執筆となったのが『おんな太閤記』である。この作品では、これまでの大河ドラマの常識を打ち破る展開で視聴者を驚かせた。

農民の子から天下人へ。よく知られる秀吉のサクセスストーリー「太閤記」を、「おんな」の視点から描くこのドラマは、秀吉を西田敏行、「おかか」こと妻ねねを佐久間良子、秀吉の母を赤木春恵、姉ともを長山藍子、妹あさひを泉ピン子、蜂須賀小六《はちすかころく》を前田吟が演じ、大河ドラマ史上初の「戦国ホームドラマ」となった。しかも戦国ドラマでありながら、派手な合戦シーンが一切なかったのだ。

「私は戦争を経験してますからね。戦は書きたくない。それに戦は出て行く男たちも大変ですけど、残された女たちが本当に苦労するんです。私が描きたいのは戦の前と後。それは初めから決めていました」

第一話、戦から戻った織田勢の中に父を探すねねの姿は、まさに戦場から復員してきた家族を探し求める娘そのものであった。

一方で、秀吉不在の長浜城から女たちだけで脱出する際、ねねは襲ってきた山賊を手にかける。人を殺《あや》める恐ろしさ、殺された者にも家族がいたろうにと苦しむねねの姿に、戦の悲惨さがにじみ出る。

「人を殺すことがどれほど無残で重いことか。寺に逃げ込んだねねは泣き崩れます。戦さえなければ平穏に暮らせた人たちが、多くの不幸を背負わされる。ここも大事な場面だったと思います」

やがて権力者となった秀吉は、朝鮮出兵を言い出す。兄を支え続けた豊臣秀長（中村雅俊）は重篤な病をおして兄を止めようとするが、願いはかなわなかった。反戦の心を貫いた『おんな太閤記』は、全五十話の平均視聴率31・8パーセントを記録している。

「西田さんはそれまでのサル顔の秀吉というよりは、もっと大きなサル、ゴリラみたいと思いましたが、始まるとどんどん秀吉になっていきましたね。これまであまりドラマでは描かれなかった秀長もとてもいい役で、中村雅俊さん素敵でした。秀長がどれだけ史実でいい弟だったかは知りませんけど（笑）」

その後、橋田は昭和六十一年（１９８６）に三田佳子主演で、現代を舞台にした大河ドラマ『いのち』を執筆。また平成元年（１９８９）には大原麗子主演で『春日局』を書いた。

「『春日局』は大変でした。大原さんは脚本に対していろいろ言う人で、わがままでしたね。でも、私は俳優さんの注文で脚本は直しませんと言いました。それくらい言える立場になっていたんです。だから苦労したのは、現場の人たちだったと思います。でも、私にとって、それ以上に大変だったのは、主人がガンで入院して、亡くなったことですね。主人のことを気にしつつ、書かなければいけない。今だったら、とてもできませんよ」

夫は『おしん』以外の橋田の作品をほとんど見なかったという。どんなに多忙でも、夫の前では原稿用紙を持ち出すなと言われ、忠実に守って来た橋田だが、大河ドラマは並大抵の忙しさではない。友人たちからは「お手伝いさんを頼んだら」とアドバイスを受けたものの、夫は「女中をもらったのに女中はいらない」と言い放つ。

しかし、亡くなった後、夫の言葉から橋田はある行動に出る。

「亭主は亡くなるギリギリまで株の取り引きをしていて、亡くなった日も証券会社の人が『お買いになると伺って……』と病室に来て、メロンぶら下げて困ってました。主人は私の作品は見なかったのに、『橋田の名前を遺そう』と、株を売って財団を作るよう勧めてくれていたんです。ちょうどバブルで株は最高価格でしたからね。それで二億八〇〇〇万円できたんですけど、財団にするには三億円必要という。どうしようと思ったら、ふうちゃん（石井ふく子）が、一年ドラマ書きなさい。そしたら会社から前借りしてあげるわよと言ってくれました。それで不足分を前借りしちゃって財団を立ち上げました」

橋田が理事長となった財団では毎年、日本人の心や人のふれあいを取り上げ、放送文化に大きく貢献した番組や人に対して「橋田賞」を贈呈している。過去にはＮＨＫ『大地の子』やフジテレビ『北の国から』など優秀な作品が選ばれている。

「財団の活動については、今も主人に守られているような、お尻をたたかれているような……。思い返して見れば、やっぱり結婚が私の人生の大きな区切りだったと改めて思います。まさか私が財団を作るとは思ってもいなかったですからね」

そして、その「前借り」のために書き始めたのが、平成二年（１９９０）にスタートした

『渡る世間は鬼ばかり』であった。サラリーマンを辞めて自宅で料理屋を開いた夫婦（藤岡琢也〈のちに宇津井健〉・山岡久乃）と五人の娘たちの物語。結婚し、子育てに忙しい娘、ラーメン屋で姑とぶつかりながら働く娘、離婚した娘、仕事を持ち自立する娘、さまざまな環境で暮らす家族の物語。バブルに浮かれ、トレンディドラマ全盛の日本では異色にも見えた「ふつうの家族の物語」は、多くの支持を集め、「渡鬼《わたおに》」の愛称で知られる人気シリーズに。五月《さつき》（泉ピン子）が働く「幸楽」のラーメンが商品化されるなど、国民的ドラマになった。

「こどもをみんな娘にしたのは、女の子のほうが人生にいろいろあると思ったから。五人もいれば一年は大丈夫だろうと思って始めたら、ここまできました。番組が始まったときは子役だったえなりくんが、ドラマの中では子育てすることになるんですからね。長く続いたものだと思いますよ。ホームドラマは社会情勢によって、時代と同時進行でテーマは常に変わります。今だったら、相続のこととか、高齢化で高校生になった孫に見向きもされなくなった年寄りはどうしたらいいんだとか、ホームドクターはいたほうがいいとか。ドクターが必要だと思っているのは、私自身なんですけど（笑）、話のタネはつきません」

続編を望む声が多く届くが。

「九十歳になってごらんなさいって言うんですよ。あちこち痛いし、しんどいし。書くのは苦しいばかりなんです」

単発の作品は覚えていないものも多いという橋田だが、平成二十二年（２０１０）、これまでにない大型企画を自ら提案する。ＴＢＳ開局60周年記念作品『99年の愛〜JAPANESE

AMERICANS〜』である。およそ百年前、生きる為アメリカに渡った日系移民一世（中井貴一）と日本を知らずに育った二世（草彅剛、松山ケンイチ）の家族の物語。反日感情にさらされ、戦争に翻弄されながら必死に生き抜く家族の姿は、五夜連続で放送された。

「これで一生書かなくていいと思えるような大きいドラマをやらせていただきたいと、私はTBSの会長に直談判しました。それも変なスポンサーでは困ると（笑）。会長は営業部出身なので、頑張ってくれてトヨタとパナソニックがついてくれ、特別にCMまで作ってくれた。ライターやっていてよかったなあと幸せに思いましたよ」

番組のHPに橋田は「〝戦争と平和〟は私の一生のテーマ」「日本を見つめ直す事を、忘れないで欲しいです」とコメントを寄せている。

気候温暖な熱海に居を構え、五十歳過ぎてから、二十年間はほぼ毎日水泳に励んで体力をつけた。そのおかげで『笑っていいとも！』にレギュラー出演するなど、「テレビに出る」仕事も数多くこなしてきた。

「それまでライターは裏方だと思って来ましたし、主人が生きているうちはとてもできませんでしたけど、亡くなった途端出演も解禁（笑）。中央線に乗って、新宿の地下を歩いてアルタに通うようになりました。遊びに行くような感覚で楽しかったですよ」

世に送り出したドラマがおよそ三百本。テレビを作ることも出演することも存分にしてきた橋田が、これからのテレビに期待することはあるのだろうか。

「ありません。テレビが滅ぼうと、もうどうでもいいと思う。私はテレビは卒業したと思っています。今は、昔忙しくて見られなかったドラマを見るのが楽しみ。自分は不倫と人殺しは書かないと言ってるのに、見るのはサスペンスばかりです（笑）。藤田まことさん、小林桂樹さんの出られた刑事ものは、わかりやすくてすごくいいですね。大好きです」

他の脚本家のドラマを見て、何か感じることはあるのだろうか。

「自分と比べたことはないですね。他のライターを気にしている暇もなかった。向田邦子さん、倉本聰さん、山田太一さん、みなさん素晴らしいと思います。私には同じようには書けないですよ。でも、戦争を経験している私はもらった命だと思って、なんでも『ありがたい』と感じる。松竹でいろいろあったけど、あの時代に教えてもらったから、テレビで仕事ができた。一流にはなれなくても、二流で結構。それでだめなら、おしまいでーす。それでいいんです」

岡田晋吉
日本テレビ　プロデューサー

青春ドラマは三回続けるとコケる

岡田晋吉／おかだ・ひろきち

一九三五年神奈川県生まれ。慶応義塾大学卒業後、日本テレビに入社。海外ドラマの吹替版制作を担当した後、プロデューサーとして『青春とはなんだ』『これが青春だ』『おれは男だ！』『太陽にほえろ！』『俺たちの旅』『あぶない刑事』などの人気ドラマを次々手がけ、『傷だらけの天使』の企画にも深く関わった。

『青春とはなんだ』『俺たちの旅』『太陽にほえろ！』『あぶない刑事』などなど、時代を代表する大ヒットドラマをてがけた名プロデューサー・岡田晋吉《ひろきち》。昭和十年（１９３５）、鎌倉に生まれ、慶應義塾大学仏文科卒業後、日本テレビに入社した岡田のキャリアの始まりは、アメリカのテレビドラマの日本語版の制作であった。

「僕が入社したのは昭和三十二年（１９５７）、日本テレビが開局して四年目で初めて黒字を出した翌年です。『黒字で安全になってから入った』とバカにされてね。それまでのテレビ局員は、劇団出身とか浅草の軽演劇にいた人とか、それなりに演出の経験がある人が多かったんですが、僕らは大学を出て右も左もわからないまま入った。正直に言えば、就職難で仏文科は映画かテレビか週刊誌に行くしかなかったんです。ちょうど『週刊新潮』が創刊された翌年で、編集部で活躍した同期もいました」

映画関係の仕事をしていた父から「学校なんか行くことないから、映画を観ろ」と言われ、素直に（？）その教えに従っていた岡田は、入社試験で映画好きをアピール。その結果、同期入社三名と共に「映画部」に配属された。

「当時の日本テレビは、麴町《こうじまち》の二階建てのバラックのような建物で、スタジオが三つありましたが、カメラが少ししかないから、使い回しで、前の番組が終わるまで待ってないといけないような状況でした。僕ら映画部はフィルムの番組を扱う部署で、仕事は海外のニュースを翻訳して放送する『外報』の先輩たちに教わりました。そこで僕はアメリカの子供向け番組やホームドラマの放送を担当することになりました」

『名犬リンチンチン』『パパは何でも知っている』など、懐かしく記憶している読者も多いかもしれない。しかし、その放送は一筋縄ではいかなかった。

「ドラマの中に映し出されるのは、大きな冷蔵庫や洗濯機、吹き抜けの二階から降りると広い居間がある明るい家……豊かなアメリカです。アメリカとしては、旧占領国として自分の国を好きになってもらわなければという意図もあったと思います。でも、僕らに届くのはドラマのフィルムのみ。台本も何も送られてこない。写真もないからAP通信によく集めにいきました。台本はまず、映像の音から英語の台本を作って、それを日本語にし、そこから映像の口の動きに合うように調整して、吹替の録音をする。はじめはイヤホンがないので、吹替の人は映像をしっかり頭に叩き込んで自分の出番を覚えて声を出してました。吹替をしていたのは劇団の俳優たちで、芝居ができるから、アメリカの俳優の演技も自然に理解できるみたいで、動きにセリフがよく合うんです。そのうち、ひとつだけイヤホンが導入されて、それをつけた人が各人にキューをふることにした。劇団四季を立ち上げていた浅利慶太さんもキューをふってたひとりでした」

苦労して録音した吹替の音声だが、そこからがまた一苦労だった。当時は映像と音声は別々で、オンエアの際に人力でタイミングを合わせて放送していたのである。

「当時使っていたのは、家庭用と同じ6ミリのオープンリールテープで、放送が始まって3分くらいすると映像と音がずれてくるんです。そういうときは、リールの穴にボールペンを突っ込んだり、手で止めて調整してました。オンエアの最中にそんなことをするって、すごいところに入っちゃったと思いましたよ（笑）。でも、僕が入社した年に大人向けの作品も放送することになり、『ヒッチコック劇場』『ドラグネット』など人気シリーズも入ってきた。映画ファンですから、尊敬するヒッチコック作品に関われるのはうれしかったですね」

ところが、アメリカでは暴力事件などをドラマで扱わないようにという「ミノー発言」により、西部劇や犯罪ドラマの勢いが衰退。一方、日本では娯楽の中心が映画からテレビに移っていた。ここから岡田の「ドラマ制作」が始まるのである。

「アメリカのテレビ映画じゃ視聴率がとれない。じゃあ自分たちで作っちゃおうという感じでね（笑）。そのころ、映画は斜陽で、映画会社は全盛期には年間百本くらい新作を撮っていたのに数が減って、いつまでたっても監督になれない助監督がいっぱいいたんです。そこで電通が〝青春シリーズ〟という企画をたてて、各映画会社と組んで製作することになりました。その流れで僕は東宝の担当になって、日曜八時を任された。それが石原慎太郎原作の『青春とはなんだ』でした」

アメリカ帰りの野々村健介（夏木陽介）が、田舎町の高校の英語教師となって、ラグビー部や担任クラスの生徒たちとさまざまな問題にぶつかる。正義感が強い先生と彼を慕う生徒たちの心の交流を、熱く、爽快に描いたドラマは大きな反響を呼んだ。

「当初、東宝はトップスターをテレビに出さない方針で、やりにくいこともありましたが、そういうときは『だれか一人偉い人を連れてくる』というのが問題解決のコツ。この作品の場合は千葉泰樹監督が力を貸してくれました。監督は新しもの好きで『これからはテレビの時代』

と理解があり、弟子の助監督に撮らせたいという意欲もあった。千葉監督の力添えで井手《いで》俊郎さんらシナリオライターや千葉組の加東大介さんも出演が決まりました。ありがたかったですね」

ドラマを始めるにあたり、岡田はひとつ決めていたことがあった。

「それまでは高校生役もおとなの俳優が制服を着て演じることが多かったんですが、僕は本物の高校生にやらせたかった。そこで児童劇団を回ったんですが、女生徒はなんとかなったものの、男子は大学受験もあるし、親が許可してくれないんですよ。困っていたときに、かつていっしょに仕事した仲間が、岡本喜八さんの映画に男子生徒がいっぱい出ていたと教えてくれて、助かりました」

当時の撮影風景の写真を見て驚いた。町の通りを学生が通りすぎる場面。その前には人を乗せたリヤカーが。もしかして？

「このリヤカーにカメラマンが乗って撮影するんです。手作り同様で、自主映画以下ですよね(笑)。音声は全部アフレコですから、とにかく時間がかかる。でも、当時はそれが当たり前でした。ところが寺のお坊さんの役の三井弘次さんが手術することになって、撮影はできてもアフレコはスケジュール的に間に合わない。現場で同時録音しようにも、カメラが回る音が入ってしまう。そこでカメラマンが布団をかぶって音を減らして撮影しました」

なんともアナログなこの撮影方法は、約一年後、同録可能なフランス製の機材を探し当て、導入するまで続いた。真夏、布団をかぶるカメラマンの苦労は大変なものだったという。

「映画畑の監督たちは、ドラマをテレビの時間○分○秒にきっちり一話を収めるなんてできないと言い出す。だから、この番組は一話の長さがバラバラなんです。細かいところは予告とかプレゼントのお知らせとかで時間調整してた。僕もよくわかってないから、そういうものかと思ってました。ところが再放送のときは調整できないから困ってね（笑）。本当におおらかな時代でした」

『青春とはなんだ』撮影風景。カメラマンがリヤカーに乗っている

その努力が実り、番組は評判となって夏木陽介だけでなく、元気のいい女生徒勝子役の岡田可愛《かわい》のほかに、水沢有美、土田早苗らも人気者になった。

「日曜8時、最大のライバルだったＮＨＫの大河ドラマ『源義経』の視聴率を抜いたときは、うれしかった。今もそのときの新聞記事は大事にしています」

さっそく青春路線第二弾『これが青春だ』が企画され、主役に抜擢されたのは、竜雷太《りゅうらいた》であった。

「彼はその前に、ドラマで一言だけしゃべるバスの運転手役で出ていたんですが、聞けば撮影後、そのままバスを運転して俳優たちを送り届けたという。アメリカでタクシー運転手のバイトをしていたとかで、度胸があるんですよ。僕はテレビは常に新しい人を好むと思っています。だから、既成のスターより新しい人がいい。第二弾は新人でいこうと決めていました。これでコケたらクビかもしれないと思うと怖かったですが、竜雷太はファーストカット、伊豆の自然の中のシーンで実に堂々としていた。僕も監督もこれはイケると思いました。こういう瞬間はやっぱりうれしいですよ」

ちなみに竜雷太という芸名は、このときの役名「大岩雷太」をもとに、岡田が大阪のスポンサーに会った帰りの電車の中で考え付いたものだった。『これが青春だ』は、型破りでパワフルな教師（竜）がサッカー部の顧問として活躍する物語。オリジナル作品で、ますますのびのびとした雰囲気は多くの若者たちをひきつけた。

「最終回、伊豆で監督からラストカットのオッケーが出ると、俳優がみんなで僕を胴上げしながら海に投げ入れた。僕は伊東からビショビショのまま車で東京へ帰りましたよ。僕も脚本を書いた倉本聰も三十そこそこ。スタッフも若かった」

しかし、この後、岡田はある〝法則〟を実感することになる。

「不思議なことに『青春ドラマは三回続けるとコケる』ということです。残念ながら、三本目の『でっかい青春』は結果がなかなか出せなかった。主演の竜雷太が当初は先生ではなく、市役所の体育振興係役だったこともあったと思いますが、何より主な視聴者だった中学生が三年たつと卒業しちゃうんです。彼らは実際に高校に入ってみたら、『ドラマみたいにいいところじゃない』となる。難しいものだと思いましたよ」

その後、女学生が圧倒的に多い高校に転入した主人公が剣道部の活動などを通して成長していく、森田健作主演の『おれは男だ!』、村野武範《たけのり》主演で再びサッカー部を中心にした『飛び出せ!青春』がヒットする。森田が対立する女学生に呼びかける「吉川《よしかわ》く〜ん」や村野演じる教師の言葉「レッツ・ビギン」は流行語にもなった。

「『おれは男だ!』は女学生向けの『週刊セブンティーン』に連載されていた津雲《つくも》むつみさんのマンガでした。青春ドラマの現場に毎週『週刊セブンティーン』の記者が取材にきていて親しかったことや、森田健作を売り出すタイミングも重なってできた企画でした。森田は役のイメージにぴったりでしたね(笑)。『飛び出せ!青春』は、メインライターを鎌田敏夫にして、これまでのように先生がリードするのではなく、生徒といっしょに考える。目線を生徒のところに下げたから受け入れられたのだと思います」

文学座の村野が岡田に有望な新人として紹介した後輩が、松田優作だった。松田を見た瞬間「これしかない」とピンとくるものがあったという。そしてもうひとり、文学座出身で忘れてはいけないのが、中村雅俊である。

「当時は毎年百人くらいの新人に会ってました。やっぱり文学座が優秀でしたね。女優はNHKの朝ドラマに行き、男優はうちに来た(笑)。雅俊は『われら青春』で初主演しますが、やっぱりファーストカットは心配しました。でも、長いセリフをしっかり言い切って安心しましたよ」

中村雅俊はドラマの中で歌った「ふれあい」を大ヒットさせる。岡田は、ドラマの音楽にもこだわってきた。第一弾『青春とはなんだ』では作曲家いずみたくと組み、布施明を起用した主題歌（布施もジャケット写真の中で学生服を着用）を採用。以後、『おれは男だ！』の森田、『飛び出せ！青春』の青い三角定規など、常に新鮮な音楽を視聴者に届けている。

「青い三角定規はドラマの同窓会のたびに主題歌を歌ってくれますよ」

平成二十九年（２０１７）にも同窓会が開かれ、多くの青春ドラマ出演者が集合した。芸能界で活躍するもの、引退して別の道を選んだもの、家庭に入ったもの。さまざまな人生があるが、岡田を囲む集合写真の笑顔は全員輝いている。

「撮影当時、生徒は学校へ行かずに毎日現場に来てましたからね。ドラマが青春の日々と重なっているんですよ。『青春とはなんだ』で凸凹コンビのスーザ役で人気者になった木村豊幸もしばらく消息がわからなかったのが、たまたまスタッフが見つけて再会できた。元気だとわかってみんな喜んでましたよ。今でもこれだけの人数が集まるというのは、自分はいいドラマを作ったんだとうれしくなりますね」

そして昭和五十年（１９７５）、中村を起用した青春路線の集大成ともいえる『俺たちの旅』がスタートする。主人公は東京で下宿する三流大学のバスケット部主将でお気楽男のカースケ（中村）、同級で気弱なオメダ（田中健）、同郷の先輩グズ六（津坂まさあき、現・秋野太作）。彼らの友情、就職、カースケを思う洋子（金沢碧）、オメダの妹（岡田奈々）、グズ六の恋人（上村香子）との恋愛模様などを描く群像劇は、学生運動の熱気も消えた七〇年代後半の若者

岡田晋吉　日本テレビ プロデューサー

の等身大の悩みや喜びを描き、高視聴率を獲得する。

「高度成長期になんでもやっちゃえ、やっちゃえと学園ドラマを作ってきて、高校ではやることがなくなって大学生を主役にしたというのが『俺たちの旅』でした。ライターの鎌田と、このドラマはテーマを『優しさ』にして、どういう話か考えるのはやめようと決めました。ドラマはキャラクターのぶつかり合いなんだから、そこを描けば結論は出さなくていいと。でも、一話一話終わりを決めないと、やっぱりカタルシスがないんですよ。そこで最後に詩を入れました」

小椋佳《おぐらけい》の主題歌を背景に「明日のために今日を生きるのではない　今日を生きてこそ　明日が来るのだ」「男は　みんな自立したいと思う　しかし　その道はけわしい」など、じんわり沁みる散文は、番組の名物となった。また、ドラマの舞台となった吉祥寺、井の頭公園界隈も若者の街として注目を集める。

「青春ドラマは水があるところがいいんです。海や川、井の頭公園には池がある。若い男女が歩きながら話すのにも水辺はきれいでいい」

大学卒業後、三人とも就職するが、勤め人生活になじめなかった彼らは、同じ下宿の浪人生ワカメ（森川正太）とともに便利屋を立ち上げる。人生の旅は続く。

「彼らの生き方は、管理社会に対する反抗ですね。とはいえホントの反体制ではなく、〝体制内の反体制〟という感じです。この後、勝野洋の『俺たちの朝』、雅俊で『俺たちの祭』と三部作にしますが、このシリーズは僕の夢です。僕自身の青春は暗くはなかったですが、飛びぬけた経験をしたこともない。女の子と下宿でひとつ屋根の下に暮らしたり、やりたかったなあというのをドラマにしたんです（笑）」

中村は監督らスタッフと痛飲しての酒場から現場に現れることもしばしば。人柄もドラマににじみ出ている。岡田によれば、解決やオチがないこういうドラマは、いい意味で、いい加減なところがないとできないという。

「僕はいい加減だったからよかった（笑）。でも、会社で企画を通すのは大変でした。どんなドラマかと問われても、答えられないんです。どんなドラマか答えられないようなドラマで冒険ができたのも、『太陽』がヒットしてくれたおかげです」

代表作『太陽にほえろ！』がスタートしたのは、昭和四十七年（１９７２）であった。

「この企画の前に夏木陽介と竜雷太主演で『東京バイパス指令』というドラマをやっていたんですが、主役がふたりだとどうしてもエピソードがもたなくて、一年くらいの放送が限界でした。そこで七人くらいの個性的な刑事が活躍するドラマを作ろうと、『バイパス指令』の後期に関わってくれた脚本家の小川英《えい》さんと東宝のプロデューサーの梅浦洋一さんと考えたのが、『太陽にほえろ！』でした。七人いれば、話が広がるし、刑事を二組に分けてA班、B班と同時進行で撮影ができる。二週間で二本撮るペースでしたが、雪や雨もあるから、一年三六五日全部撮影できるわけじゃないので、二班体制でないと、とても一年で四十話以上は撮れないんです。

ただし、シナリオは複数のライターが書いても、必ず小川英さんが目を通して、直しや調整をする。こういうやり方はアメリカの製作方法から取り入れました。放送された七〇〇話以上、すべて監修した小川さんの力はとても大きかったですね」

主役はご存知、ボスこと藤堂係長（石原裕次郎）、ベテラン刑事の山村精一（露口茂）、人情派の野崎太郎（下川辰平）、熱血男の石塚誠（竜雷太）、甘いマスクで女性に人気の島公之《きみゆき》（小野寺昭）、そして新人刑事マカロニこと早見淳（萩原健一）。のちに女性刑事内田伸子《しんこ》（関根恵子）も加わり、新宿区の警視庁七曲《ななまがり》署捜査一係の面々が、さまざまな事件を追った。

「刑事の年齢もいろいろでバランスがいい。これだけの顔ぶれのスケジュールの調整がついたのは、とてもラッキーでした。石原裕次郎さんも体調が悪い時期を乗り越え、経営的にも仕事をしたい時期だったのも幸いしました。映画スターですから、初めのころは『この警察署は壁が動くんだな』と、ベニヤづくりのドラマセットになじめないようなところもありましたけど、撮影が進むにつれてノッてくれて、『このドラマは俺が出ないと』と、終盤、体が悪い時は病室から撮影に来てくれた。みんなに慕われたボスでした。

僕は裕次郎さんと慶應の同期なんですよ。もっとも学校では会ったことはなくて。でも、僕は鎌倉で裕次郎さんは逗子だったから、横須賀線の中ではお見かけしていた。小川英さんも鎌倉だったから、なんとなく合うところはありましたね」

『太陽にほえろ！』は、それまでの日本の刑事ドラマとはどこか違うと感じていた読者も多いのではないか。実はその違いこそが、このドラマのヒットと長寿の秘密でもあった。

「それまでの刑事ドラマは、犯罪者の話でした。なぜ、こんな犯罪が起きるのか、犯人の姿を追う。『太陽』は刑事のドラマにしたかったんです。僕は〝ドラマの主人公は視聴者の隣にいる人でなければならない〟と思っています。当時、TBSなどで当たったホームドラマでも、出てくる人がみんな隣にいそうな人ばかりです。刑事でもそれが大事なんじゃないか。刑事にも葛藤や家庭の問題がある。山さん、ゴリさん、殿下とニックネームがあるのも、学園ドラマでは必ず先生にあだ名をつけてましたから、刑事にもつけちゃえって（笑）。ちょうどアメリカでは『ダーティハリー』とか『ブリット』が出てきた時期で、これだ！　と思ったのもきっかけのひとつでしたね」

『ダーティハリー』のキャラハン刑事（クリント・イーストウッド）は自宅の郵便受けに爆弾を仕掛けられ、『ブリット』のブリット警部補（スティーブ・マックイーン）は恋人とベッドにいる最中、事件の連絡を受ける。刑事の私生活や素顔の描写が斬新だった。『太陽』でも、新人のジーパン（松田優作）の母（菅井きん）の話、島や石塚の結婚問題、山村は妻が誘拐された事件もあった。

「山村は、誘拐犯に泥水に落ちたリンゴを食べろと言われる。すると、露口さんは本当に食べてしまった。気迫のこもった演技を見て、役者ってすごい、このドラマは絶対にイケると確信しました。ただ、ドラマですから、苦労人の長《ちょう》さん（野崎）を除いて、七曲署の刑事の私生活はみんな不幸にしちゃいましたけどね（笑）」

『太陽』の刑事たちは、白昼、新宿の片隅のアパートで聞き込みを続け、ビル街で犯人を追いかける。萩原健一はじめ、新人刑事がとにかくよく走った。

「それまでは夜の倉庫街とか、一般の人がなかなか行かないような場所で刑事たちが戦っていましたが、『太陽』は、なるべく昼間の街中を舞台にする。明日自分の身に降りかかるかもしれないような犯罪をテーマにしようと決めていました。新宿にしたのは、撮影所に近かったのと、若者の街だったからです。刑事たちが走るのは、第一話を監督した竹林進さんが『人間は全力で走る姿が一番美しい』という方針だったことが大きいですね」

衝撃的だったのは、新人刑事の殉職であった。初代新人のマカロニは事件解決後、暴漢に刺されて命を落とす。

「もともとはショーケンが、番組が始まって半年くらいで辞めさせてほしいと申し出たのがきっかけでした。どうしようと思っていたら、『僕は殉職します』と。それならいいかと決めて放送したら、マカロニ殉職の次の、松田優作のジーパン刑事登場の回が視聴率がよかった。ところが、ジーパンの人気が出たら、優作も『僕も一年で辞めます』。それまで僕は、役者は制作側の思うとおりに動いてくれるものだと思っていましたが、そうはいかないということをショーケンと優作に教えられました」

ジーパン刑事が白いジーパンを血で真っ赤に染め、叫びながら絶命するシーンは、今も語り草だ。その叫びはアドリブだったという。強烈な印象を残した萩原、松田に続いて、登場したのが角刈りにテンガロンハットのテキサスこと勝野洋。四代目にはおっとりしたボン（宮内淳）、その後ヒゲの山男ロッキー（木之元亮）などが続き、このドラマは新人俳優の登竜門となっていく。

「勝野洋は、とてもまじめなキャラでした。それには理由があって、視聴率が30パーセントを超えて、当然、こどもだけでなくお母さんも見ていることを意識しないといけなくなった。テレビが一家に一台の時代ですから、お母さんたちに『危険なドラマ』だと思われたら、チャンネルを変えられてしまうわけです、そのためにはまじめなテキサスはぴったりで、おかげで視聴率も安定しました」

『太陽にほえろ！』最終回台本
(1986年11月14日放送)

その後も、安定しすぎたと思えばクールで異端児的な刑事スコッチ（沖雅也）を投入、漫才ブームになれば少々おちゃらけた刑事ドック（神田正輝）、若さが必要だと感じるとアイドル的なラガー（渡辺徹）を起用するなど、常にお茶の間を飽きさせないキャラクターを岡田自身が探し、採用し続けた。十四年間、全七一八話の中での最高視聴率は昭和五十四年（1979）七月二〇日、電話ボックスの中で殉職したボン刑事に代わってスニーカー（山下真司）が登場する回で40・0パーセントを記録。この数字は七〇年代のドラマ（大河・朝ドラマを除く）の中で堂々の五位である。

「七〇〇回以上続く長寿シリーズになったのは、たとえ同じような話があっても、新人刑事が違うとまったく別の話になったから。次はどんな新人でどんな雰囲気にするか。シナリオも書かない、演出もしないプロデューサーの仕事は、方針を決めることです」

岡田が方針を決め、キャスティングまで決めながら、番組のクレジットに名前が出ていないドラマがある。今も伝説的に語られる『傷だらけの天使』である。金も学歴もないふたりの若者、木暮修《こぐれおさむ》（萩原健一）と乾亨《いぬいあきら》（水谷豊）が怪しげな探偵社に雇われ、汚れ仕事をさせられる。彼らは世の中の裏をのぞき、怒り、時に暴走する。ペントハウスに暮らす彼らのライフスタイルや、萩原が着用したBIGIブランドのスーツなどファッションにも注目が集まった。

「ショーケンは、『太陽』にセックスがらみの事件がないのはおかしいと言い出した。世の中の事件の大半はセックスが関係しているのに、なんでやらないのかと。そこで土曜日の10時、当時は深夜枠でしたが、ここを用意するからやってみようということになりました。

ショーケンがすごいのは、監督を連れてきたことです。映画と違って、ドラマは本数が多いからひとりの監督が撮りきることは難しい。でも、脚本はひとりのライターが書けるから、ドラマはシナリオライター中心だといわれていた。しかし、ショーケンは『傷だらけの天使』に次々と監督を口説いて連れてきました。神代辰巳《くましろたつみ》、深作欣二、工藤栄一、恩地日出夫《おんちひでお》、みんなショーケンに惚れて仕事してくれるんですよ。一度、現場で喧嘩があって撮影中止になったというから、誰だと思ったら、工藤さんが現場にいた人とスコップ振り上げて喧嘩したって。すごい監督ばかりでしたね（笑）」

日本テレビの深夜番組『11PM』には裸も出てくるし、ドラマでも大丈夫だろうとスタートしたものの、ヌードダンサーやカーセックスの場面も描き、「親に隠れてこっそり観る」番組になったためか、視聴率は低迷。そこでセックスと暴力を控えたところ、後半、20パーセント台にまで視聴率が伸びたという。

この時期、岡田は実に週に四本ものドラマのプロデュースをしている。さすがに「しんどかった」と振り返るが、本数が増えた背景には、自ら見出し、育てた俳優たちを手放したくないというプロデューサーならではの「欲」があったのだった。

「人気が出た役者とのつながりを持ち続けたいという気持ちは当然、あります。それと当時の日本テレビは、仕事をしていないとどんどん別の部署に異動させられたんです。せっかく仕事ができるようになった後輩たちが異動になったら大変だと、次々企画するから、僕も本数がどんどん増えた(笑)。そういう時期に優作と雅俊で作ったのが『俺たちの勲章』でした」

犯罪者に対しては容赦ない中野(松田)と心優しくまじめな五十嵐(中村)。タイプが違うふたりが、対立しながらも事件を追ううちに互いを認め合うようになる。第一話はシドニー・ポワチエ主演の映画『夜の大捜査線』を参考にしたというのも、映画好きの岡田プロデュース作品らしい。横浜が舞台だったこともあり、人間臭い『太陽』とは一味違う刑事ドラマとなった。

「このドラマでは、中野が毎回、恋人と逢うシーンが出てきます。相手役はモデルの女性で、セリフはない。事件と関係ないシーンでしたが、ちょっと変わったことがやってみたくて(笑)。脚本の鎌田敏夫は上手に入れ込んでくれた。優作にこのドラマの話をしたとき、雅俊は文学座のひとつ後輩だからというのと、中野が恋人と逢うシーンを作るから出てよ、と頼んだ記憶があります」

ドラマにどう新しさを出すか。「好奇心でいろいろやってみた」と笑う岡田だが、時には思い通りにいかなかったこともある。そして、それが思わぬヒットにつながったこともあった。

「時代劇がやってみたくて、沖雅也の沖田総司で新選組をやろうと思ったんです。ところが上司は『時代劇は若者が観ない』という。僕がこれは時代劇の青春ドラマですと説明すると『時代劇を好きな人は青春ものは観ない』と言われました。

結局、新選組はできなくなったものの、沖雅也はじめ、近藤勇の江守徹や役者たちのスケジュールは押さえてある。それで急遽、現代劇で何かできないかと一週間くらいで企画を作ったのが、『俺たちは天使だ！』でした」

主人公の麻生（沖）はパリッとしたスタイルの探偵だが、実は常に金欠で自分でイワシを焼いている。毎回、危うい事件に巻き込まれながら、どこか飄々とした麻生と仲間役の渡辺篤史、神田正輝、柴田恭兵らの軽妙なやりとりも人気に。ただし、「運が悪けりゃ死ぬだけ」とSHOGUNが歌ってヒットした主題歌は、「新選組」に通じるものがある気もする。

「新選組ができないから、完全に開き直りです（笑）。沖は沖田総司ができなくて悔しかったと思うけど、よくやってくれた。いい俳優でした。柴田恭兵は『東京キッドブラザース』で活躍していた人だから、芝居が違う。これは伸びると思って起用したら、予想通り人気が出た。時代劇にはなりませんでしたけど、みんなの個性が出てよかったと思います」

なお、このときは日曜日8時、大河ドラマとぶつかることもあって時代劇を断念したが、のちに岡田は日本テレビで年末恒例となる、大型時代劇を手掛けることになる。昭和六十年（1

985)、里見浩太朗主演の『忠臣蔵』は、十二月三〇日、三一日と二夜連続放送で、大みそかには『NHK紅白歌合戦』に真っ向勝負を挑み、好成績を記録。スポーツ紙には「討ち入り成功」と書かれた。

『俺たちは天使だ！』で注目された柴田恭兵と、石原軍団作品のハード路線で頭角を現した舘ひろしが新路線を開拓したのが『あぶない刑事』だった。粋なスーツ姿のタカ（舘）とユージ（柴田）のW黒サングラス刑事に後輩刑事の仲村トオル、婦警の浅野温子がからみ、コメディタッチに展開。若者世代に大人気となった。DCブランドの衣装協力テロップが長々とドラマの後ろに流れるという、画期的な刑事ドラマでもあった。

「『あぶない刑事』は完全に遊びです。八〇年代に入って、もう『太陽』路線ではなく、コメディだろうということになった。次は舘ひろしでいこうとは決めていました。タカとユージはじめ、笑える会話が人気になりましたが、彼らは台本はあるのに勝手なことをしゃべってるんですよ。『太陽』は、てにをはまできっちり台本通りやってましたから、これも時代なんですね」

キラキラしたバブル期にスタートし、景気低迷や派手な刑事アクションドラマが減少する時期を経ても『あぶない刑事』の人気は今も高く、平成二十八年（2016）にもほぼ同じ顔触れで映画化されている。日本のドラマでは稀有な例である。

「僕は台本にして二〇〇〇本ものドラマに関わってきました。大事にしていたのは、〝夢と余裕〟です。以前、僕の作品について、やさしさという点で一貫しているといわれて、うれしかった。時代のニオイをつかもうと、新聞や雑誌に目を通してきましたが、勉強したからいい番組ができるわけではありません。アイデアがなくなると、遊び心でごまかしてきた気もします(笑)。シナリオライターには、常に『ありそでなさそでありそうな話』を書いてくれと言ってます。あるかないかギリギリの話が面白い。どこがギリギリなのか決めるのが、プロデューサーである僕の仕事です」

岡田晋吉　日本テレビ プロデューサー

小林亜星

作曲家

テレビの仕事にも人情がありましたよ

小林亜星／こばやし・あせい
一九三二年東京生まれ。慶応義塾大学卒業後、作曲を服部正氏に師事。レナウン『ワンサカ娘』『サントリーオールド』等のＣＭソング、『ひみつのアッコちゃん』『裸の大将放浪記』等のドラマやアニメ主題歌でヒットを連発し、七六年『北の宿から』で日本レコード大賞を受賞。ドラマ『寺内貫太郎一家』で俳優としてもブレイクした。二〇一五年日本レコード大賞・功労賞を受賞。

こども番組から出た200万枚大ヒット「ピンポンパン体操」から名作CMソング「この木なんの木」、レコード大賞受賞曲「北の宿から」、アニメソング「魔法使いサリー」「ひみつのアッコちゃん」などなど、世に送り出した作品は、実に8000曲！

日本を代表する作曲家・小林亜星とテレビとの関係は、とても長く深い。出会いは、テレビの本放送が始まる前だった。

「テレビ画面を初めて見たのは、新橋の駅前です。大きな街頭テレビが設置してあって、『これがテレビか』と思ったものです。たくさんの人が集まってましたね。でも、僕はもっと前からテレビには関わっていて、内幸町にあったNHKで試験放送があった頃に、学生だった僕も音楽の演奏で参加していました」

昭和七年（1932）東京生まれの小林は、中学時代からバンドをはじめ、慶應義塾大学医学部に入学したものの、音楽活動に没頭し、三年次には経済学部に転部する。

「祖父が医者だったのに、親父が後を継がず、孫の僕に継がせようということで医学部に入学したんですが、もともと僕は大の音楽好き。戦後、進駐軍も身近にいて、ラジオやレコードで新しい音楽がいっぱい入ってきた。出征した人たちは受け入れられなかったかもしれないですけど、僕らはすぐに海外の音楽に親しんだ世代です。学生時代はバンドを組んで演奏していました。ちょうど朝鮮戦争が始まり、休暇で日本にやってくる米兵が大勢いた。横浜には彼らのためのクラブがたくさんあって、有名な秋吉敏子さんたちも演奏してましたね。僕らもWACという婦人部隊がいるクラブでよく演奏しましたよ。

僕は当時、マリンバとビブラフォンをやっていました。それで慶應の先輩の藤城清治《ふじしろせいじ》さんから、試験放送でやっている人形劇の後ろで演奏してほしいと、頼まれたのです」

大正十三年（1924）生まれの藤城は、戦後、影絵と人形劇で独自の表現を続け、昭和二十七年（1952）、NHKの専属となって、手探りの番組作りに関わっていた。

「全部生放送で、僕らは人形の動きに合わせて演奏をするんですが、あるとき、小人が木の上でラッパを吹く場面があって、トランペットをやっていた仲間の長沢くんが、人形に合わせて吹こうと思ったら、台の上から落っこちちゃった。それを見た藤城さんが怒って、彼をぶん殴って大騒ぎになりました。ミュージシャンは『やってられるか』って、みんな怒って帰っちゃうしね。生放送中ですよ。無茶苦茶な時代でしたね（笑）」

テレビという新しい世界に触れて楽しかったが、さすがにそれで生活できるとは思わず、製紙会社に就職。だが、あっという間に、音楽の世界に戻ることになる。

「クラブで演奏していたころは、一回出演すると3000円くらいになった。大卒の初任給8500円の時代です。学生の分際でそんな金を持ったからロクなことにはならない。不良生活でした。就職したからといってそれが治るわけもなくて、銀座の会社だし、営業に出た帰りに二、三日飲んだら月給がなくなる。神保町で50円のカレーライスか35円のラーメンでしのぐ毎日で、ものすごく痩せちゃった（笑）。それで思ったんです。営業を好きなやつと嫌いなやつが競ったら、嫌いなやつは絶対勝てない。俺は音楽が好きなんだから、音楽でいくしかないなあと」

仕事に挫折した小林は、学びなおそうと作曲家・服部正《はっとりただし》に弟子入りを決意する。

「先生のご自宅を調べて、訪ねていったら先生は不在でした。対応してくれた奥様は『うちは芸大か音大の生徒しか教えないので……』と言われる。僕は少しですが作品があったので、作品を録音したソニーの紙テープを置いて帰りました。その後、先生から『ぜひ、いらっしゃい』と手紙をいただいて通うようになったのです。授業料は月3000円でしたけど、だんだん授業というより雑談みたいになってきて、月謝も図々しく三回くらいしか払わず（笑）、それでも、売り出し始めたダークダックスのアレンジとか、いろいろと紹介していただいて。ありがたかったですね」

服部正はやはり慶應出身の音楽家で、戦前より音楽教育に携わり、黒澤明監督の映画音楽や放送音楽の第一人者として活躍した。ラジオ体操第一の作曲者としても知られている。

話の中に出てきた「ソニーの紙テープ」は、昭和三〇年代ごろまで「ソニ・テープ」として市販されていた。価格は最小の3号（直径約9センチ）でも当時の物価でラーメン約八杯分と、かなり高価だったが、小林がそのテープを服部宅に置いていかなかったら、のちの人生は変わっていたかもしれない。

「皇太子ご成婚を機に、テレビは一気に普及しました。試験放送のときはたいしたことはなかったですが、本放送が始まり、テレビ局がたくさん開局して、どの局も活気がありましたね。各局に音楽番組があって、僕はそのアレンジを担当して、オーケストラやバンドの指揮もしていました」

新番組が次々始まり、人材不足もあって放送局員は多忙を極めた。遅くまで仕事を続けるスタッフが頻繁に立ち寄ったおかげで、局の前に出ていたラーメンの屋台が、りっぱな店舗になったこともあったという。

興味深いのは、当時の仕事の取り方だ。

「今は放送局の出入りは厳しくチェックされますけど、当時はＮＨＫでも民放でも、広告代理店にでも誰でも入れた。ひとつ仕事をするとどんどん知り合いができるから、訪ねていくとその人が『今、俺は仕事ないけど、誰か亜星ちゃんの仕事ない？』なんて声を出して聞いてくれて『ああ、俺、頼みたい。帰り飲みに行く？』みたいな感じで仕事が決まっちゃうんですよ。飲みにいっちゃあ仕事してた。僕は道楽仕事だったけど、テレビ局もいい加減なもんだね（笑）。あんまりいろんな人間が自由に出入りしてたから、『修理です』と騙されて、グランドピアノを盗まれたこともあったらしいですよ」

音楽番組を手がける制作プロダクションも芸能事務所も、まだ実績がない時代。小林同様、さまざまな音楽家が独自ルートでテレビに関わっていたが、中でも大御所的存在だったのは、小林より十八歳年上の三木鶏郎《とりろう》だった。東京帝大法学部卒の三木は、作曲・ピアノ・バイオリンを学び、終戦直後からＮＨＫラジオで活躍。民放テレビ開局に合わせ、日本初のテレビコマーシャルソング「僕はアマチュア・カメラマン」を発表した〝元祖コマソン作曲家〟である。三木のもとには、丹下キヨ子、三木のり平、小野田勇ら、俳優・音楽家・作家などが集まっていた。のちに作家志望の若者が出入りしていた市ヶ谷のトリローオフィスからは、いずみたく、永六輔、野坂昭如《あきゆき》、桜井順らがテレビの第一線に出ていくことになる。

そんな中、小林は画期的な音楽をテレビに持ち込んだ。

「三木さんもそうですが、テレビの音楽はほとんどクラシック畑の人が担当していました。クラシックの人は譜面が読めるから、集まればすぐに演奏ができる。N響の人がアルバイトで演歌の伴奏をやっていて、テレビに映って知り合いにびっくりされたなんてこともあったんです。ジャズやハワイアンの人は若い人に人気はあるけど、譜面でなく、聴いて覚えて演奏することが多いから、テレビでは活躍してませんでした。でも、僕はいっしょにジャズをやってる仲間内で『あいつとあいつなら譜面も読めるし、大丈夫だ』とわかるから、スタジオに呼び込むことができた。テレビの現場で新しい音楽ができて注目されたんです。亜星はずるいと言われましたよ（笑）。それでも、日本のジャズ界の人をテレビに呼び込んだのは僕が最初だと、密かに自負してます」

アレンジャー、指揮者として多くの番組で引っ張りだこの状態だったが、またも曲がり角がくる。小林は突如、番組降板を考えるようになったのだ。

「アレンジだと自分の番組を持てたと思っても、ギャラはよくないし、それ以上の出世はない。それにアレンジばかりやっていると、作曲が下手になる気がしたんです。

これは僕の説ですが、アレンジというのは、完成している作品をいかに聴きやすくするか、理論や理屈の左脳でやっていくもの。一方でメロディを生み出す作曲はクリエイティブな右脳を使う。アレンジだけだと右脳が劣化すると思って、引継ぎの人を探してから、担当していた三つの番組をすべて降板しました。今思えば僕に仕事くれてた人は『なんで辞めるの?』と思ったと思いますよ」

今後一切アレンジの仕事はしないと決め、「さあ、どうする」と考えていた小林に、意外なところから新しい仕事の依頼がきた。

「女子美を出た妹がレナウンでイラストレーターをしていて、今度、コマーシャルを作るという話が出たとき、兄が作曲の仕事をしてますと提案してくれたんですね。それでできたのが、レナウンの『ワンサカ娘』でした」

軽快なリズムとメロディ、チャーミングな若い娘が歌い踊るイラスト、ワンサカワンサという耳に残る言葉。昭和三十六年(1961)、かまやつひろしの歌唱で発表された新感覚のコマーシャルは、大評判となった。「ワンサカ娘」はその後、多くの歌手に歌い継がれる。弘田三枝子のチャーミングな歌声や、シルヴィ・ヴァルタンが舌足らずな日本語で歌ったバージョンをご記憶の方も多いかもしれない。

「これは適当に創ったら流行っちゃったという感じです(笑)。あの頃は、電通とか博報堂とか広告代理店も初期の時代で、コマーシャルに対しても方法論も持ってなくてね。いろいろやれたんです。

最初はコマーシャルもカッチリまじめにやってたんですよ。飴玉とか、身近なものを売るのにも、親しみやすい童謡調が多かった。でも、クルマとか服も、コマーシャルの歌でイメージアップすれば売れるだろうという流れになってきました」

「ワンサカ娘」をきっかけに、小林のところにはコマーシャルソングの依頼が殺到。ダンダンドゥビ〜のスキャットで知られる「サントリーオールド」、ブリヂストンの「どこまでも行こう」など名曲が次々生まれる。

「僕はコマーシャルは適当に創ったと言ってますけど、実際は売れる作品を作るノウハウはあるんですよ。歌いだしのコツ、ブレスの後の音階、高音の使い方……こういうのは自分で編み出していくしかないんですけどね。

僕らは絵コンテができてから作曲に入ることもありますが、企画段階から参加することもあります。企画では十人会議に出ていたとして、七人が『これがいい』というのはヒットしない。みんなが『こんなのダメだよ』というのをたった一人がぐいぐい推したような企画がヒットするんです。一か八かバクチに出るからこそ面白い。最近はこういうカンの強い人、言い張る人がいなくなった。特にバブルが崩壊してから、どんな企画にも金融関係や資産家が『いくら儲かるんだ』と言ってくる。それを言い出したら、何もできませんよね」

もうひとつ、小林がコマーシャルでヒット作を生んだ〝秘訣〟があるという。

「コマーシャルをする会社の社長に会うことです。社長の顔を知って、仲良くなるとたいていうまくいく。だいたい社長が熱心じゃないとダメなんですよ。社長のキャラクターってすごいものです。昔の実業家は面白い人が多かった。いっしょに飲んで話してみると、いろんなことを知っているし、面白い場所にも連れて行ってもらいました。そういうつきあいをすると、こっちも面白いもの、思い切ったものを創りたいと思う。どういう方向がいいかと考えやすい。

最近は夢を語る社長が少なくなった気がしますね」

コマーシャルの仕事と同時に、テレビ音楽の依頼も急増。世の中の高度成長期に合わせるように、作曲家小林亜星もモーレツに働いていた。

「NHKの音楽番組『夜のしらべ』のプロデューサーが味の素の宣伝部を紹介してくれて、日本テレビの『味の素ホイホイ・ミュージック・スクール』という番組で、木の実ナナさんが歌う主題歌を作りました。この番組は、ナナさんと鈴木やすしさんが司会で、ドリフターズが演奏を担当する、オーディション番組の走りみたいなものです。僕にとってレナウンに続くコマーシャルソング第二弾が味の素で、やっとコマーシャルの世界に本格的に仲間入りできたと思ったものです。

ありがたいことにとにかく仕事が増えて、毎日締め切り。それでコツコツやればいいのに毎日飲み歩く（笑）。ひどいときは、酔っぱらって寝てる間に仕事が出来上がってる夢を見て、目が覚めた途端『しめしめ』とそれを楽譜にしたことも……今まで三回ある（笑）。そういうときに限って、相手は『今日もさえてますね』なんてほめるんだよ。おいおい、さえてるどころじゃないよと笑っちゃうんだけど、創作ってそういうもんなんですね」

そんな中、日本のテレビ界では、昭和三十八年（１９６３）、国産初の三十分アニメ番組『鉄腕アトム』が大ヒット。以後、各局で次々、新番組が企画される。小林のもとにもアニメの企画が持ち込まれる。

「東映が、東映動画という会社を作って本格的にテレビアニメをやることになって、僕は『狼少年ケン』の音楽を担当しました。その後、『魔法使いサリー』『ひみつのアッコちゃん』など一手に引き受けた。テレビもカラーの時代になって、娯楽の中心でしたからね。しかし、並べてみると、『狼少年』はボバンババンボンで、サリーちゃんはマハリクマハリタ〜、コマーシャルもイエイエとかディンドンとか、僕の作品は意味不明のスキャットが多い。曲より先に出てきちゃうんだよな（笑）」

意味不明どころか、一度聴いたら忘れない不思議な言葉の数々は、アニメファンのこどもたちだけでなく、どんな世代にも親しまれ、今も記憶されている。『科学忍者隊ガッチャマン』『まんが日本昔ばなし』『花の子ルンルン』などなど、名作アニメを小林亜星音楽が盛り立てたのである。

「頼まれるままにいろいろやってきたけれど、やっぱりアメリカの音楽に憧れがありました。それで行ってみるかと、三十歳になったころ、渡米してアメリカの広告代理店の人に作品を聴いてもらったことがあります。そこで言われたのは、君はオールラウンドプレイヤーだ。自分たちが探しているのは、『これだけしかできない人』なのだということでした。確かにそうだ。その通りだと思いました。そういわれて、やはり自分はいろいろやるんだと改めて思い直しましたね。その後、ドラマ『裸の大将放浪記』の主題歌『野に咲く花のように』や歌謡曲もたくさん作曲したから、僕がジャズのバンド出身だと知らない人も多いと思いますよ」

確かに、世間一般の「小林亜星」のイメージはジャズマンではないだろう。とはいえ、六〇年代の小林は、体重一〇〇キロ超えの貫禄で長髪にサングラス。毎晩、酒場に出没し、作家や

仕事に遊びに多忙を極めた頃（1969年）

音楽家が出入りする狭い店で内田裕也とにらみあって、「表に出ろ！」と外へでたら、内田に耳元で「いい時間ですから、そろそろ帰りますか」などとささやかれたりする、十分に怪しげな音楽家だった。

そのイメージをすっかり変えることになるドラマ『寺内貫太郎一家』の話が舞い込んできたのは、昭和四十九年（１９７４）であった。

頑固でワンマンな巨漢の石屋・寺内貫太郎を中心に、良妻賢母の妻里子（加藤治子）、片足が不自由な長女静江（梶芽衣子）、浪人生の長男周平（西城秀樹）、口が悪い貫太郎の母（悠木千帆のちの樹木希林）、お手伝いのミヨちゃん（浅田美代子）と、その周辺の人々との泣き笑いの日々を描く。脚本は向田邦子、演出は『時間ですよ』などで知られる久世光彦であった。

「この役は、もともとフランキー堺さんとか高木ブーさんとか、ほかの俳優さんに断られて、僕のところに回ってきたと聞いてます。当時の僕は、ドラマ三本、時代劇一本の音楽を担当していて、局には知り合いがいっぱいいた。それで貫太郎にどうだってことになったんです。とはいえ僕は体格はこのままだけど、ふわふわの長髪にベルボトムのジーンズをはいてるような外見だったから、向田さんが『亜星ちゃんがやるの？　あんなスケベっぽい人、嫌だわ』なんて言ってたらしい。『とにかく髪だけ切ってくれ』と頼まれて、ＴＢＳの地下にあった床屋で坊主頭にして、石屋のはっぴを着たら、向田さんが『これが貫太郎よ』って。そう言われちゃ、もう逃げられない（笑）」

朝は神棚を拝み、家族全員ちゃぶ台で朝ごはん。昔ながらの昭和の家族を描くホームドラマは、幅広い世代から大きな反響を得た。ところが、困ったことに向田は遅筆で有名だった。

「こっちは初めてのドラマで緊張しているし、ＣＭの仕事のつきあいがあった広告代理店の連中が、『亜星が出る』と冷やかし気分で銀座の喫茶店のテレビの前に集まっていると聞いて恥ずかしいし。毎回ドキドキして現場にいるのに稽古の段階で台本がない。書きあがったのが一枚ずつガリ版で刷られて届くんです。よく続いたと思いますよ。久世さんはすぐ怒る人。美代ちゃんが一番怒られてたなあ。でも、僕は一度も怒られたことがないんです。僕が辞めるって言い出したら、困るからだろうね（笑）」

名場面のひとつ、石屋の職人の岩さん（伴淳三郎）とタメさん（左とん平）、近所の花屋花くま（由利徹）の芸達者三人組の与太話、艶話も抱腹絶倒の面白さだった。また、樹木希林が沢田研二のポスターに向かって身をくねらせ、「ジュリー」と叫ぶシーンも話題になった。

「あの三人の場面、向田さんは『よろしく』と書くだけで台本には書いてない。現場で三人が作るんですが、面白くないと久世が容赦なく『ちっとも面白くない』なんて言うんですよ。苦労したと思います。

樹木希林さんは三十代であの老け役でしたからね。『手が映ると若いとわかっちゃうから』

といつも手袋をしてました。昔からこだわる人なんですよ」

そして「名物」ともいえるのが、貫太郎と周平の取っ組み合いシーン。西城秀樹がこの場面でケガをして、救急搬送されたことは大きく報じられた。

「秀樹を庭先に投げ飛ばしたら、たまたまクギが出ていたところに腕をついてしまったんです。取っ組み合いは、久世は手を抜くとダメだと言ってくるし、ふすまや家具も壊れるから、NGは出せない。本気になって一発勝負でやる。秀樹も僕もその瞬間は本当に頭にきて暴れるから、スリル満点でした。でも、秀樹のファンはケガさせたことに怒っちゃって、僕の事務所に女子高生から五十通も六十通も苦情の手紙がきた。『お前の大事なところを引っこ抜くぞ』みたいに脅迫めいたのも届いて、参りましたよ。

秀樹は芝居すると役の通り、隣のお兄ちゃんになっちゃうけど、持ち前のロック感覚とかボーカルとか、ケタが違う。ミュージシャンとしてとても高度な人でした。僕は後に『ターンAガンダム』の主題歌を秀樹に歌ってもらった。素晴らしかったですよ」

そんな中、久世はテレビ黎明期から働くテレビマンならではの実験的な手法を実施する。ドラマの生放送である。

「久世さんは、ドラマが生放送だったころの緊張感を出したかったんでしょうねえ。やる方は大変でしたよ。ディレクターは走り回るし、衣装替えは忙しい。破れた障子が次の場面では直ってないといけなかったり、出演者もスタッフも全員が、ひとつも動きを間違えられないんです。

なんて大変なことをさせるんだと思って、僕は加藤治子さんを突き飛ばした場面で、わざと『大丈夫ですか、加藤さん』と言ったんです。そうしたら、TBSのみんなが『やっちゃったー』とミスしたと思って騒ぐんだよ。僕はシャレだよ、シャレって言ったんだけど（笑）。生放送は結局三回やりましたけど、あれは体に毒。面白いけど二度とご免」

『寺内貫太郎一家』は新シリーズを待望されたが、昭和五十六年（1981）、向田が飛行機事故で還らぬ人となる。

「向田さんが初めて『貫太郎』を小説にしたとき、僕はうっかり『小説はあんまり上手じゃないね』なんて本人に言っちゃって、嫌な顔されました。でも、その後、本格的に小説を書いたら、すごくうまくて、直木賞も獲ったでしょう。僕が変なこと言ったから頑張ったんじゃないのかな（笑）。亡くなって本当に残念でした」

『寺内貫太郎一家』シリーズは平均視聴率31・3パーセントを記録。パート2も含め、シリーズが完結したときには、「放心状態だった」というが、その後、小林は、フジテレビ『サザエさん』の磯野波平役をはじめ、NHKの朝ドラマ『さくら』に出演するなど、声優・俳優業も続けることになる。

「声がかかるとよせばいいのに出ちゃうんだよ（笑）。もっとも僕の母、塩子は築地小劇場で芝居をしていて、そこで知り合った演出家の村山知義さんの息子さんの名前が亜土《あど》だったので、僕の名前も亜星にしたという経緯があります。下条正巳《しもじょうまさみ》さんに『君はお塩さんの息子か』と声をかけられたこともある。嫁いだ妹の義兄にあたるのが、大滝秀治さんだったこともあり、芝居は身近でした。

芝居と音楽はどこか似ているところもあるとも思う。演じている側が力を入れすぎると、つまらない。そこが難しいところなんでしょうね」

俳優という新しい道が開けたこの時期。私生活でも転機が訪れていた。

「前妻との別居生活が長く続いた後、離婚しました。僕はぼろいベンツに乗っていたんですが、身一つになった僕に意地悪な久世は『ベンツとパンツだけ』なんて言う。おい、それだけは言わないでくれ、という気持ちでしたよ(笑)」

音楽家としては、『貫太郎』放送開始の翌年、後世に残る名曲を手がけている。都はるみの「北の宿から」である。

「この曲は、阿久悠《あくゆう》さんからの依頼でした。ちょうどはるみちゃんも、少女時代の明るい曲から、おとなの女に変わらないといけない時期で、阿久さんは『亜星ちゃん、はるみちゃんに作ってよ』という感じで、僕はそれほど気負わずに作った。でも、はるみちゃん自身は、これまでの曲調と違うから、『これ、あたしが歌うの?』と戸惑ったと思う。正直言って、みんなが絶対ヒットさせるぞ! と気合を入れた曲ではなかったんです」

女心の未練を歌った「北の宿から」はじわじわと売れ始め、140万枚の大ヒットに。昭和五十一年(1976)の「日本レコード大賞」、「日本有線大賞」、史上初の二冠獲得曲となる。

「日本レコード大賞」は、昭和三十四年(1959)、古賀政男、服部良一らが設立した日本作曲家協会を中心に始まった。当初はレコード各社や大手メディアから賛同を得られず、開催費用の一部を実行委員長の古賀政男が個人で負担したという。水原弘の「黒い花びら」(作詞・永六輔、作曲・中村八大)が大賞を受賞した第一回は、文京公会堂で十二月二十七日に開催されたが、観客席はガラガラでKRT(ラジオ東京テレビ=現在のTBS)による中継もわずか三十分だった。

その後、次第に知名度と権威が高まり、昭和四十四年(1969)、大みそかに「紅白」開始前の午後七時から二時間の生中継に変更されると、さらに注目を集めることに。新人賞候補のアイドル親衛隊も会場に詰め掛け、盛り上がりを見せるようになる。

「北の宿から」が大賞を獲得した「第18回」の司会は「どーもどーも」のあいさつで知られた高橋圭三と森光子。平均視聴率は41・9パーセントであった。ちなみに翌年の視聴率は50・8パーセントで史上最高を記録している。

「『北の宿から』がレコード大賞の候補になっているとは、直前まで知りませんでした。会場まで来てくれっていうから行ったという感じで……。会場で特に緊張した記憶もないし、何をしたかとか、覚えてないんです。なんとなくこういう賞は、演歌とか大衆歌謡の人が獲

誰もが知る名曲たち

るもので、ジャズ出身の僕らがやってきた音楽とは違う気がしてました。でも、僕もいろんな曲を作っているわけだし、一曲くらいまじめに作った歌謡曲をヒットさせて賞を獲ってみたいという気持ちは心の底にありましたね。演歌の人からは、亜星は賞なんか興味なさそうにしていたのに獲ったじゃないかと言われましたが、確かにいただいてみれば貴重なものです（笑）」

当時は、レコード大賞の会場である帝国劇場から、「紅白」のオープニングに間に合うよう、NHKホールまで人気歌手たちが大急ぎで移動するのも、年末の風物詩だった。紅組・佐良直美、白組・山川静夫アナが司会を務め、紅組の一曲目を山口百恵の「横須賀ストーリー」が飾ったその年の「紅白」で、レコード大賞を受賞した都はるみは堂々の大トリ。視聴率は74・6パーセントだった。

優れた作詞家との出会いは、作曲家の人生を大きく変える。稀代のヒットメーカー阿久と小林は、これより前、意外な大ヒット曲で組んでいた。

フジテレビのこども番組『みんなであそぼう！ ピンポンパン』から生まれた「ピンポンパン体操」である。ズンズンズンズン、ズンズンズンズンと言葉の連続から、軽やかなテンポで体を動かすこの楽曲は実に260万枚売れた。

「阿久さんから、体操の詞を渡されたときは『これに曲つけるの？』みたいな気持ちで、なんだか知らないけど楽しいのにするかと、作り出したら苦労もなかった。やっぱり苦労しない曲はいいんだよな。

初めて会った阿久さんの印象は『いかつい』でしたけど（笑）、こども向けの曲も書けるし、ピンク・レディーやはるみちゃんの曲も書く。すごい人だった。僕は、書いた人の内面とかリズムが伝わる気がするので、詞はできるだけコピーやファクスではなく、直筆でもらうことにしてます。阿久さんは、癖の強い、独特の字で気持ちがよく出てる。凝った表紙やイラストがついていることもあって、詞をもらうのが楽しみでした」

作詞家との出会いでは、もう一曲忘れられない作品がある。ハニー・ナイツが歌った「オー・チン・チン」である。雪の朝や夏の河原でのこども時代の思い出をチンチンになぞらえて歌うという前代未聞の楽曲だったが、亜星流のリズミカルな曲調で一度聴くと耳に残る。

「これは珍しく売れるぞと思ってレコードにした曲です。もともと水森亜土さんたちがいた『未来劇場』を主宰する里吉しげみさんが昭和四十三年（１９６８）の公演作品のために作詞した曲で、飲み屋で歌うとすごくウケる。それでコロムビアに持ち込んでレコードを出してみたら、チャート入りしました。

僕は酒飲みなので、飲み屋でウケるといけると思っちゃう。この勢いで演歌調にすれば売れるだろうとハニー・ナイツと作ったのが、ライオンのエメロンクリームリンスのＣＭソング『ふりむかないで』です。各地の髪のきれいなお嬢さんに、いきなり商品を手渡すというドキュメンタリー風のＣＭで、バックに、ふり向かないで〇〇の人、と地名が入る曲が入る。作詞は当時、電通のチーフディレクターだった池田友彦さんでした。ＣＭは１９７０年から七年続き、曲も60万枚売れました」

売れると思ったからレコード会社に持ち込んだり、自分の志向ではない演歌調にし、思惑通り、テレビを通じてヒット曲を出した。この二曲の成功で小林は「流行歌は簡単」と思ってしまったという。しかし、まんまと当たったのはこの二曲だけ。その後、いろいろな歌手の歌謡曲を作っても売れず、ヒットを出すのがいかに難しいかを実感する。「北の宿から」は、やっと不発のトンネルから抜け出した曲だったのだ。

「実はその少し前に水前寺清子さんに、阿久さんと作った『昭和放浪記』という曲があったんですよ。それは業界的にすごくウケた。でも、業界ウケすると、必ずダメ。流れ者と女の曲でしたが、ちょうどやくざ者とか反体制的なものが世の中ではウケない時期だったのも影響したと思いますけどね」

だが、「昭和放浪記」は、思わぬ縁を呼ぶ。あの高倉健が曲にほれ込み、自分にもああいう歌を作ってほしいと依頼してきたのである。

「高倉健さんから、突然、手紙とジョニ黒が届いて、びっくりしました。それで僕は『作りましょう』と返事を出したのにずっと作れないまま。そうこうするうちに、健さん主演の映画『冬の華』に僕はやくざの親分役で出ることになって、京都の撮影所でご本人に会ってしまった。僕はお酒を飲んじゃってたから、申し訳なくて『必ず作ります』と言ったんですが、実現したのはそれよりさらに十年後。結局、依頼されてから二十年近くたってしまいました。たまたま健さんと同じ品川パシフィックホテルの理髪店に通っていたので、その店の人に曲ができたと書いた僕の手紙を渡してもらいました」

小林が作詞もしてできた曲のタイトルは、「旅人」。そして平成七年（1995）、高倉健の貴重なテレビドラマ主演作となったNHK『刑事　蛇に横切られる』の主題歌も健さん自ら歌うことになり、これも小林が作詞作曲を担当した。タイトルはズバリ「約束」だった。

「健さんは、二十年もかかったのに怒りもせず、僕のことを義理堅いと言ってくれました。本当にうれしかった。ただ、レコードになっても、健さんは人前で歌わないからヒットはしませんでしたけど（笑）」

　昭和から平成、令和へ、目まぐるしくテレビの環境は変化した。音楽番組の編曲・指揮から始まり、CM、歌謡曲、ドラマ出演と、もっともテレビとかかわった音楽家として、今のテレビをどう見るのか。

「テレビの価値が変わった感じはしますね。街を歩いても流行歌が聞こえてくることはなくなった。みんなが知ってる流行も歌もなくて、音楽の主流もコロコロ変わる。若い人は好みがバラバラで、他人のことはどうでもいいと思っているかもしれないけど、それじゃ、味気ない。人情味がないね。

　今は優秀な人はテレビよりネット志向なのかもしれないけど、昔のテレビ、CM業界は頑固で面白い人がいっぱいいた。飲まない久世が僕に仕事くれたのは謎だけど、ほかの人とはよく飲んだ。飲み過ぎて命縮めた人もいたのかな。だとしたら、悪いことをした。とにかく、テレビの仕事にも人情がありましたよ」

菅原俊夫

殺陣師

いつか、お嬢（ひばり）の殺陣師になる

菅原俊夫／すがはら・としお
一九四〇年新潟県生まれ。六一年、東映京都撮影所に俳優として入所。殺陣技術集団「東映剣会」会員となる。七三年、殺陣師としてデビュー。以来『水戸黄門』「影の軍団」シリーズなどの東映時代劇を代表する殺陣師として、映画や舞台でも活躍。二〇一三年、日本アカデミー賞協会特別賞を受賞。

京都太秦《うずまさ》。日本映画百余年の歴史と深く関わるこの地は、「日本のハリウッド」「映画の聖地」と言われてきた。テレビの時代が到来すると、「時代劇の本拠地」として知られ、東映のオープンセットは、テーマパーク「東映太秦映画村」となり、国内外の映画ファン、観光客にも親しまれている。

時代劇といえば、チャンバラ。おとなもこどもも夢中にさせる時代劇ならではのアクションを生み出すのが「殺陣師《たてし》」の仕事である。

昭和十五年（１９４０）、新潟に生まれた菅原俊夫は、国民的時代劇『水戸黄門』をはじめ、本人が「数えきれない」ほどの作品に関わってきた。殺陣師歴四十五年のベテランである。

「僕は新潟県の農家の七人兄弟の真ん中。中学時代は、中村錦之助《きんのすけ》（萬屋《よろずや》錦之介）さん、美空ひばりさんの映画に熱中していました。それで高校卒業後、つてを頼って東映に俳優として入ることが決まったんですが、親には反対されることがわかってた。だから、ずっと秘密にして、裸一貫、京都に出てきました。汽車に乗ったとき、『俺はもう、ふるさとには帰れないんだなあ』としみじみ思ったものです」

厳格な父は元軍人。幼いころから、父が軍刀の手入れをしているのを見ていたという。

「そのおかげで、本物の刀の重みや扱い、手入れの仕方などは自然に身についてました。親父は怖かったけど、この仕事を始めてとても役に立ってますね」

自身を「田舎の田吾作」と言う菅原が、故郷を捨てる覚悟で飛び込んだ東映京都撮影所。そこは大正十五年（１９２６）、名優阪東妻三郎が開設した撮影所から発展、戦時の休眠期を経て、昭和二十六年（1951）、東映京都撮影所となった。楽しく明るい娯楽性の強い作品を得意とした東映は、映画館での二本立て興行を成功させ、昭和二十九年（1954）には、配給収入で業界トップに。この時、京都撮影所では年間六十四本もの新作時代劇映画を製作していた。それに伴って撮影所は、ステージ（スタジオ）、オープンセットとともに拡張に次ぐ拡張を続け、現在、「東映太秦映画村」の入り口となっている辺りには、二条城を模した巨大な「東映城」が建設された。菅原が入社したのは、その拡張がほぼ完了した昭和三十六年（1961）である。

「俳優で採用といっても、もらえるのは名前のないちっちゃい役、斬られ役です。僕は剣道も柔道も少し経験がありましたが、それどころじゃない（笑）。入ってすぐに、道場で一カ月くらい、朝九時から夕方五時まで殺陣の基本から叩き込まれました。しごかれて、足がパンパンになって、和式トイレではしゃがめないくらいなんですよ。

でも、僕は帰る故郷もないし、耐えるしかない。それで頑張ったら、幸い『東映剣会《つるぎかい》』に入ることができました。当時、専属の先輩俳優は四百人くらいいましたし、ここは簡単には入れるところではないです。僕は諸先輩の中でカチカチになっていましたが、田舎からひとりで出てきて必死でやるからか、先輩には可愛がられましたね」

映画やテレビ時代劇のクレジットに「東映剣会」の文字を見たことがある読者も多いと思う。「東映剣会」は、現在もさまざまな作品に所属俳優が出演を続けている。

「東映のチャンバラは、明るく派手といわれます。スターを華麗に見せる独特のスタイルです。

それでも『旗本退屈男』の市川右太衛門《うたえもん》さんの舞のような華やかさと、片岡千恵蔵さんのバサーッと斬るどっしりとした立ち回りでは違いがある。テレビの『素浪人月影兵庫』『素浪人花山大吉』でも人気になった近衛十四郎《このえじゅうしろう》さんは、息子の松方弘樹さんともども長い刀を使いこなし、ダイナミックな立ち回りをしてます。月形龍之介《つきがた》さんは、刀を引き抜くとき、抜き切った瞬間、ふっと手首を下げて、刀の重さを表現する。この動きひとつで竹光《たけみつ》が本身《ほんみ》に見えるんです。みんなカッコよかった。

足立伶二郎さん、谷明憲《めいけん》さん、といった先輩殺陣師は俳優の特性や作品のカラーを活かし、みんながわくわくできる殺陣を考えたんですね。作品の中でスターにからむのは先輩の斬られ役で、新人の僕は、とてもやらせてもらえませんでしたが、ひたすらよく見てました」

常に十本ほどの作品製作が並行して続く撮影所で、新人俳優は多忙を極めた。

「四畳半のアパートから嵐電に乗って、だいたい朝八時前に撮影所に入り、衣装をつけて準備をする。徹夜もしょっちゅうでした。土日も休みがなくて、唯一絶対に休めたのは四月一日の東映京都撮影所の創立記念日。赤飯も出たね。ケガはしょっちゅう。入院したこともあったけど、その時は可愛い看護師さんがいて、うれしかったりね（笑）」

そんな折、菅原は人生最大の幸運とも呼べる機会を得た。美空ひばりとの出会いである。

「右も左もわからず入った僕を面白いと思われたんかなあ。ひばりさんは、僕を『菅原君』と呼ぶのが呼びにくいからと、『菅ちん』とニックネームをつけてくれたんです。そしたら、あっという間に僕の呼び名は『菅ちん』と撮影所中に広まった。東映はスターシステムですから、スターが言うことは絶対なんです。

僕はあまりお酒は飲めないんですが、ひばりさんには『祇園に行こ』と気軽に連れて行ってもらった。周囲にはうらやましがられましたよ。驚いたのは、ひばりさんが大スターなのにとても気さくで優しい方だったこと。仕事で怒ると、とても怖かったですが、ふだんはみんなの気持ちを考える心が広い人でした。僕がここで仕事を続けられた第一の師匠は、ひばりさんだと思っています」

菅原が入社した当時、東映と専属契約を結んでいたひばりは、『べらんめえ芸者』シリーズや『ひばり・チエミの弥次喜多道中』など時代劇だけで一年に十本以上主演作が封切られていた。

「ひばりさんは殺陣の手の覚えが早いのなんの。僕も後に殺陣師として仕事をしていますが、僕が二回くらい演じて見せるのをじっと見ていると『私にやらせて』と軽く動きを確かめるだけ。それで本番になると『やいやいやい、てめえら‼』とセリフを言いながら、きっちり立ち回りをしてみせる。絶対に間違わない。天才でした」

もうひとり、菅原に大きな影響を与えたのが、中村錦之助だった。ひばりの初恋の人と言われる錦之助も、東映の映画全盛期を支えた人気スターである。

「僕が撮影所に入ったその日。先輩に野球はどこのファンだと聞かれて『巨人です！』と大声で応えたら、後ろから『うるせえんだよ‼』と頭をはたかれた。誰かと思って振り返ったら、錦之助さんでした。そのまま『よし、祇園に行こう』って。びっくりでした。今思うと、いきなりトップスターに会えたんだから、本当に幸運ですよね。僕は悪運だけは強いんだよな（笑）」

こどものころから大のプロ野球ファンで、自分の野球チームも持っていた錦之助は、菅原を気に入り、何かと声をかけてくれるようになった。

「錦之助さんは、台本を全部頭に入れて現場に来る。当たり前のようにしてましたが、すごいことですよね。もちろん、東映には片岡千恵蔵、市川右太衛門という二大スターをはじめ、月形龍之介、大友柳太朗《りゅうたろう》、東千代之介《あずまちよのすけ》、大川橋蔵、素晴らしいスターがいました。僕はそんなすごい人たちの仕事ぶりを毎日見ることができた。すべてのスターと仕事させてもらった。これは大きな誇りです」

映画スターが本物の星のごとくキラキラと輝いた映画全盛期。その一方で、新しいメディアであるテレビも少しずつ撮影所に入ってきた。菅原も俳優として、モノクロのテレビ時代劇に出演している。

「僕らはテレビに出るなんて、考えたこともなかった。東映ではスターの控室がある『俳優会館』の真ん前に、一番大きな第一ステージがありました。そこは映画の大作を撮る場所。スターは暑くても寒くても控室からすぐ目の前の第一ステージに行けるわけです。でも、テレビは大きいセットは使えない。撮影所の端っこ、俳優会館から一番遠いところで撮るんです。島流しみたいだった」

時代劇ドラマは「テレビ映画」と呼ばれ、映画とはケタが違う低予算で製作された。その象徴ともいえるのが、「全編アフレコ」による撮影である。音声スタッフがつけられず、同録ができなかったのである。

「テレビは映画とカメラも違うし、スタッフも少人数。みんな暗中模索でやってました。アフレコだとわかっているから、現場でセリフはとちっても平気（笑）。それでも一週間で一話撮らないといけないので、パカパカ撮る感じで僕らも最初は戸惑いました」

誇り高い京都の映画屋の間で「なんや、あいつテレビに行ったんかいな」と陰口を言われるほど映画より格下とされたテレビだが、スタッフはそれでも「いい作品を」と奮闘した。菅原も出演した昭和四十年（１９６５）の『新選組血風録』（ＮＥＴ、現在のテレビ朝日）は、モノクロ、アフレコ時代のヒット作として今も人気が高い。主役の土方歳三は栗塚旭《くりづかあさひ》。第一話はいきなり池田屋事件だった。そのすさまじい迫力に視聴者は目が釘付けになったが、スタジオは映画優先でなかなか使えず、「池田屋」はスタッフが、建て替え直前で壊しても文句を言われない祇園の料亭を探し、使ったという。

その翌年、新たな作品の製作が始まる。大川橋蔵主演の『銭形平次』である。

神田明神下の平次は、奉行所から十手を預かる岡っ引き。悪あがきをする悪人には腰の銭束から一枚抜き取り、ピュッ‼　と投げれば百発百中。見事、お縄にしてみせる。映画では長谷川一夫が当たり役とした時代劇の人気キャラクターである。

「東映の二枚目スターである橋蔵さんがテレビに進出するのは、英断だったと思います。この作品がヒットして、テレビ時代劇は急に上昇気流に乗った感じでしたね」

昭和四十一年（1966）五月にスタートした『銭形平次』は、休むことなく八八八回続き、「同一主役による連続ドラマ最多記録」として当時、ギネスブックに認められた。最終回には、美空ひばり、五木ひろし、主題歌を歌う舟木一夫も出演。エンディングには橋蔵が視聴者に「口上」を述べるというスターならではの花道が用意されていた。

テレビ映画のヒットは、斜陽と言われ始めた映画に代わり、撮影所に活気を呼んだ。

「はじめは映画と違ってやりにくいと思いましたが、だんだんやっていくうちにテレビに慣れてきました。映画の五社協定もなくなって、テレビにたくさんのスターが出るようになると、『遠山の金さん』、『用心棒』シリーズなど本数も増えた。

僕らも何本も出るとお金になるから、走り回るんですよ。朝は浪人で午後はやくざ者とか、衣装も結髪《けっぱつ》も違うから大変でしたけど、すぐに対応してくれるのも長く培われた京都の技術があってこそですね」

映画の名監督が東映のテレビプロに移って、作品を手がける機会も増えた。

「面白い監督がいっぱいいました。たとえば、ひばりさんの映画をたくさん撮ったズー先生こと佐々木康監督。独特のズーズー弁で言葉が聞き取れないこともありましたが、とにかく早撮りがすごい（笑）。近衛十四郎さんの『素浪人月影兵庫』や、『銭形平次』、中村梅之助さんの『遠山の金さん』など、シリーズ作品をどんどん撮ってました。ほかにもズー先生とは違って時間をかける、サクさんこと深作欣二さん、工藤栄一さん、時代劇でも現代ドラマでも、みんなテレビで個性を発揮してましたね」

『素浪人月影兵庫』は、NETで、昭和四十年（1965）に放送が始まり、こどもからお年寄りにまで親しまれたヒット作。人気の秘密は、豪快な立ち回りを見せる兵庫役の近衛十四郎と、品川隆二演じる一本気な渡世人・焼津の半次の絶妙な掛け合いだ。映画『柳生武芸帳』の柳生十兵衛など剣豪役で知られる近衛、『次郎長血笑記』の森の石松などで注目された品川。二枚目スターふたりがテレビでは映画で見せたことのないコミカルな顔を見せた。

「近衛さんは、剣豪スターで立ち回りにすごい迫力があった。その近衛さんがみんなを楽しませる。テレビはお茶の間で家族で観るものだし、そこに合った作品に人気が出るんだと思いました」

やがて登場したのが、昭和四十四年（1969）のナショナル劇場『水戸黄門』（東野《とうの》英治《えいじ》郎《ろう》主演）である。

もともと講談などで庶民に親しまれた「水戸黄門」は、映画では、百年以上前の明治四十三年（1910）、日本の映画スターの元祖〝目玉の松ちゃん〟尾上松之助主演で映像化されて以来、東映では月形龍之介、大映では長谷川一夫も演じている。テレビでも本放送開始直後の昭和二十九年（1954）にエノケンこと榎本健一主演でドラマ化されて以降、十朱《とあけ》久雄、古川緑波《ろっぱ》、徳川夢声《むせい》らも主演した時代劇の定番だった。現場でも「なんで今さら」という声が聞こえる中で、その定番に「ホームドラマ」という新しい要素を加えたのが、東野の『水戸黄門』だった。

企画の中心になったのは、松下電器宣伝部長の逸見《へんみ》稔と『隠密剣士』などを手がけた制作会社C.A.Lの西村俊一。このとき、黄門役が森繁久彌と決まっていたのに、東宝の専属だった関係で無理となり、俳優座の東野英治郎に急遽変更されたのは有名な話だ。

「森繁さんとはおつきあいが古かったし、東野さんに決まったと聞いたときは、みんな『まさか』という気持ちだったと思います。シリーズが始まった当初は、印籠シーンもなく、第一話を書いた宮川（一郎）先生も続編があるとは思っていなかった。まさかシリーズが四十年も続くとは誰も考えないでしょう（笑）。高視聴率は、やっぱり現場はうれしい。これは逸見さんの手腕が大きかったと思います」

昭和三十一年（１９５６）の宮城まり子主演『てんてん娘』など、黎明期から松下のテレビプロデューサーとして活躍した逸見は、のちに独立し、数多くの番組を手がける。ナショナル劇場は、加藤剛主演『大岡越前』や竹脇《たけわき》無我《むが》・西郷輝彦・里見浩太朗主演『江戸を斬る』なども加わり、月曜八時の国民的時代劇枠として定着していった。

そんな時代の流れの中で、昭和四十七年（１９７２）、菅原に「殺陣師にならないか」と打診がきた。

「会社としては、テレビの量産体制で人手が足りない。殺陣師も不足していました。それで推薦があって僕のところに話がきたんですが、正直迷いました。殺陣師になれば俳優とは違う契約になる。それで東京で公演中のひばりさんに相談に行ったんです。

ひばりさんには『菅ちゃんは役者になりたくて故郷を捨てる覚悟だったんでしょ。ならば殺陣師はやめなさい』と言われた。それでいったんは断ったんですが、会社はどうしてもと言う。

会社の事情も僕はわかっていたし、それでもう一度、ひばりさんのところに行きました。ひばりさんはじっくり僕の話を聞いて、『ならば、誰よりも忙しい殺陣師になりなさい。私、応援する』と背中を押してくれた。その言葉があって、腹が決まりました」

ひばりは映画から舞台公演にと活躍の場を移していたが、舞台の殺陣を菅原に依頼するなど、「応援する」という約束を守った。だが、それは菅原が殺陣師として独り立ちした後のこと。

「殺陣師になる」と宣言し、会社と契約を変更したものの、仕事はゼロからのスタートだった。

「自分としては、一大決心で殺陣師になり、会社との契約も変えました。でも、そう甘くはない。右も左もわからない新人殺陣師に仕事はなくて、毎日先輩の仕事を見て、手伝いばかり。貧乏して当たり前です。うちのやつは質屋通いもしたと思いますよ。苦労かけました」

俳優のままであれば、今日は大川橋蔵の『銭形平次』、明日は中村梅之助の『遠山の金さん』と引く手あまただった時期である。そんな中、また一から仕事を覚え、減収に耐えなければならない。その辛さを支えたのは、やはり「いつか、お嬢（ひばり）の殺陣師になる」という強い意志であった。仕事を愛し、スターに惚れ込み、自分の人生を賭ける。映画全盛期に撮影所に身を投じた活動屋魂が、菅原の中にも根付いていたのだ。

コツコツと努力した結果、菅原は単独で殺陣師としてデビューすることになった。ただし、その作品は時代劇ではなく、現代劇。しかも、ほとんどのシーンが海外ロケ、撮影期間も五カ月の長丁場という当時としては異例の映画『東京—ソウル—バンコック　実録麻薬地帯』（1973年公開）であった。監督は『まむしの兄弟』などで知られ、深作欣二監督とともに東映のやくざ路線を担った中島貞夫、主演は千葉真一。ダンプ運転手である主人公が、妹夫婦の事故死の真相を追ううちに、巨大な組織と攻防を繰り広げるというストーリーである。格闘だけでなく、千葉得意のカーチェイス、セスナを使ったシーンもあり、アクションは盛りだくさんだ。

「当時は、ヤクザ映画が全盛で、この作品は日本の千葉、松方弘樹など若手スターと、アジアの女優も出演した国際的な映画でした。僕はいきなりそこでひとりでアクションをつけるんですが、日本と海外ではまるで映画のつくり方が違う。香港などでは、映画の内容が盗まれないように撮影当日にストーリーが明かされて、演出も決まるんです。タイじゃ、ゾウまで出てくると言われてね（笑）、驚くことばかりでした。

そういう状況では、なかなかアクションは考えられないし、通訳はいるんだけど、ヤクザ役の現地の俳優たちに、僕の言うことを聞く気もないような態度をされてね。悔しくて涙が出ましたよ。それで、言葉が通じないことを承知の上で、僕は刀を持って『お前ら、どうする気じゃ』と気合を入れて見せた。そうしたら、やっと、このおっさんは本気だ、刀を使えるとわかったみたいでね。なんとか撮影ができるようになりました。今思えば、最初がこれだけ大変な現場で、度胸がついたんかな（笑）」

独り立ちした菅原は、『水戸黄門』『大岡越前』の二枚看板で人気を集めていたTBS月曜八時の「ナショナル劇場」に参加することになる。かつて俳優として出番を待っていた作品に、今度は殺陣師として、主役たちに動きをつける。菅原にとっても感慨深い現場であった。

「黄門様役は、初代の東野英治郎さんから西村晃《こう》さん、佐野浅夫さん、石坂浩二さん、里見浩太朗さんと変わりました。僕はすべての黄門様と関わってきた。みんなそれぞれに個性がありますね。特に里見さんはもともと東映京都の俳優で、東野さんや西村さんの時代には助さん役で出演していたし、殺陣が得意な時代劇の二枚目。ついつい里見黄門様が助さん格さんより強く見えちゃう（笑）。こういう経験は初めてだったね」

杉良太郎が助さん、横内正が格さんを演じた第一シリーズから、助さん格さんも歴代多くの若手に引き継がれてきた。彼らの殺陣にも変化があり、アイデアが取り入れられている。

「第一シリーズでは、助さん、格さんは人を斬ってます。しかし、シリーズが重なる中で、悪人を峰うちにするようになった。それと、助さん格さん二人いると、どうしても助さんが目立つので、格さんには独特のカラーを持たせています。格さんは刀の立ち回りだけでなく、素手で拳法を使ったり、六尺棒などダイナミックな得物で戦うこともある。助、格がなるべく同じことをしないのも大事です」

『水戸黄門』でもうひとり人気が出たのが、用心棒兼情報係のような風車《かざぐるま》の弥七《やしち》だった。演じたのは俳優座の中谷一郎である。

「弥七は、元義賊なので武士と違って、跳んだり走ったりという動きが多く、立ち回りでは、匕首《あいくち》か赤い風車の柄《え》を使います。相手が長い刀で、自分が短い匕首だと、間合いがとても難しい。得物は短ければ短いほどケガもしやすいし、殺陣は難しいんです。中谷さんには、『菅ちん、俺は新劇の出身だから、殺陣はあんまり得意じゃないんだよ。よろしく』と言われてました。中谷さんは、ミンクに顔が似てるからと、みんなからミンクさんと親しまれた。ムードメーカーみたいなところもあって、僕とは、なんとなく波長が合うというのかな。現場では楽しく仕事させてもらいました」

高度成長期、国鉄の「ディスカバー・ジャパン」キャンペーンがあり、日本を見直そうという動きがある中、ご老公一行は日本中を旅してその土地の良さを紹介した。関西のある土地の名物団子を紹介した途端、ファンが殺到して大繁盛。御礼にと撮影所にトラック一杯の団子が届けられたこともあったという。国民的時代劇に関わるスタッフたちは、胸を張った。

さらにナショナル劇場では、昭和四十五年（１９７０）に加藤剛主演『大岡越前』がスタート。放送は当初、『水戸黄門』とクールごとの交代だったが、黄門様役の東野が高齢ということもあって、『水戸』の撮影は季節のいい春や秋中心。『大岡』は夏や冬の撮影で、京都の厳しい暑さや寒さとの闘いだった。特に盗賊を追うのは夜が多く、撮影所名物のガンガン（炭火ストーブ）で暖をとりながらの撮影が続く。

「加藤剛さんは、非の打ち所がない二枚目。公平な立場にたって、見事な裁きを見せるお奉行様にぴったりの人でした。大岡忠相《ただすけ》（越前）は、人を斬ることはありませんが、時に刀を持つこともある。正々堂々と悪に立ち向かう剣です。役柄と人柄を殺陣でも表現するのが、僕らの仕事です。加藤さんは、ふだんも姿勢正しく、心優しい。みんなが慕う人だから、このシリーズも愛されたんだと思います」

加藤はフジテレビのスタジオドラマ『三匹の侍』で殺陣を学んでいたが、京都での時代劇はこの番組が初。映画全盛期から鍛え上げた斬られ役の面々と殺陣スタッフ、京都のホテルでも殺陣の稽古を重ねたという加藤本人の努力によって、できあがった作品であった。

こうした中で、撮影所には大きな転機が訪れていた。昭和五十年（1975）、撮影所のオープンセットを、時代劇の世界を体験できるテーマパーク「東映太秦《うずまさ》映画村」としてオープンすることになったのである。映画製作数が減少し、広大な撮影所の維持も困難になる中、それでも撮影所に観光客を入れるなどとんでもない、と反対する映画育ちのスタッフは多かったという。

「みんな映画が好きでこの世界に入ってますから、映画が少なくなったのは、寂しかったと思います。僕らもどんなにドラマの仕事が忙しくても、やっぱり仕事は本編（映画）優先。それは当然だと思っていました」

結果的には、映画村は予想以上の来場者を記録。その収益の一部は、東映では実に十二年ぶりの時代劇大作映画『柳生一族の陰謀』の製作費に充てられた。主演は萱原の恩人である萬屋錦之介。錦之介は、七〇年代には東京で『子連れ狼』などに出演していた。久しぶりに東映京都の現場に入る錦之介を、撮影所の面々は、「お帰りなさい」と拍手と涙で出迎えたのだ。萱原はこの作品に殺陣師のひとりとして参加している。

『柳生一族の陰謀』は大ヒット。その結果、この作品で柳生十兵衛を演じた千葉真一は、ドラマでも『柳生一族の陰謀』『柳生あばれ旅』など、時代劇アクション路線を確立した。そして、千葉と組んだ萱原は、自身の代表作と出会うことになる。

「影の軍団」シリーズである。

使命のため命を捨てる覚悟の忍者たちが、激闘を繰り広げる。火薬あり、水あり、時にスキーまで駆使しての、外連味《けれんみ》たっぷりのアクションで人気を集め、シリーズは昭和五十五年（1980）の第一弾『服部半蔵　影の軍団』から昭和六十年（1985）の第五弾『影の軍団　幕末編』まで続いた。

シリーズは、海外にも熱狂的なファンを獲得。かのクエンティン・タランティーノ監督も影響を受けたことはよく知られる。

「『影の軍団』第一弾では、千葉さんが三代目服部半蔵になって、配下の忍びとともに甲賀忍者と戦うストーリーでした。忍びですから、忍び道具や仕掛け、身体すべてを使うアクションです。この仕事を引き受けたとき、僕はこれまでと同じことをやったらほかの忍者作品に絶対勝てないと思った。だから、思い切ったこと、たとえばトランポリンも使いました。

はじめは非難もされましたよ。どんなことでも、

『柳生一族の陰謀』に役者として出演した深作欣二監督に殺陣をつける（1979年）

新しいことをすれば、いろいろ言われるのがこの世界。制作の関西テレビさんがよく理解してくれたのは、助かりました。でも、しばらくしたら、トランポリンはみんな使い始めて、当たり前になってきた。みんなやったら、俺はやらない（笑）。また新しいことを考える。その繰り返しでしたね。とにかく今週やったことは、もうできない。常にアイデアを出し続ける必要があった。このシリーズだけは正直、しんどくてもう辞めようと思ったこともあります」

ＣＧがない時代。千葉は、真田広之や志穂美悦子も所属した、自身が率いるアクション集団、ジャパンアクションクラブ（ＪＡＣ）の若手メンバーらとともに、過激なアクションにも体を張って挑む。

「千葉さんは、本当にアクションがうまいし、アイデアをいろいろ持ってきてくれますが、殺陣師としては１００パーセントは聞けない。予算もスケジュールも、そもそも監督が求める画もありますからね。かといって、主役の機嫌を損ねると作品全体に影響が出る。特に千葉さんは強いリーダーですから、いい空気を作ってもらわないといけない。なので困ったときはよく『次の作品でやりましょう』と言ってました（笑）。下手でも、やる気がある若手はすぐわかります。そういう人は僕らも引き上げようと頑張るし、育つね。いい加減な気持ちで身に付くような甘い世界じゃないです」

シリーズが重なる中で、レギュラー軍団員には、美保純、歌手出身の中村晃子、池上季実子ら女優陣のほか、橋爪功、石田純一ら時代劇アクションとはあまり縁のない俳優も増えた。ちなみに、後年、「愛と平成の色男」と言われる石田は、ここですでにモテる忍者役であった。

「立ち回りが得意じゃない人は、まあ、人間力で仕事というのかな（笑）。石田さんも人柄がいいからみんなでカバーするんです。大阪出身の橋爪さんなんかは、『菅ちん、三手のウーやで』（参天製薬の目薬「サンテドウ」をもじった言い方）と言ってくる。三手以上の複雑な動きは無理という意味です。そういわれると、一手、二手の少ない動きで彼の存在感を出すのが僕らの仕事になってくる。

水あり、雪あり、空中あり、なんでもアリのこういう作品ではスピード感が大事。ただし、速ければいいというもんでもない。スピード感がありすぎると、動きが流れてしまって印象に残らない。走る、止まる、跳ねる、潜む、緩急の加減が難しいんです。忍者の場合は、からくり屋敷とか、セットも独特だから、スタッフは大変なんですが、その場、その俳優を活かした殺陣を考えるのは、楽しかったね」

基本的に、時代劇の脚本に殺陣の内容は書かれていない。数分間続くクライマックスの大立ち回り、通称「ラス立ち」と言われる場面でも、脚本には「激闘が続く」「斬りかかる」などと記されるのみである。そこからどんな場面を創造するのかが、殺陣師の腕である。

「駆け出しのころは、『激闘』の場面をどうカット割りするのか、しごかれました。所内で映画のラッシュ（編集が未完成の段階の試写）があると『何しに来たの』と言われながら、必ず観に行って、先輩たちのカット割りを学んだもんです。

殺陣師の仕事は演出に近い。戦うのが武士なのか、やくざなのか。一騎打ちなのか、多勢に無勢なのか。『てめえ！』の一言でもどんな気持ちで言うのか、強いやつが余裕を持って言うのか、弱いやつが虚勢を張って言うのか、すべてわかってないと動きはつけられないです。

命のやりとりをする中で、中心人物が周囲とどういう関係か、空気感を作るのが大切。そのため、脚本を読み込んで、毎回『俺にしかわからない台本』を作ります。カット割りをして、カット3にはこういう動き、というように現場で説明できるようにしておく。現場で殺陣師が迷っているように見えるのは、一番よくない。時代劇に不慣れな人を不安にさせるし、撮影の流れも悪くなりますからね。だから、間違ってもいいから、自信を持ってやる。コツは、口八丁やね（笑）」

殺陣師として半世紀近くキャリアを重ねる中で、忘れられない出会いもあった。

「あるとき、『水戸黄門』に日活から渡哲也さんがゲストでいらした。末端のスタッフにもひとりひとりていねいに挨拶をされ、言葉を聞き逃さない。人間的に一目ぼれしましたよ（笑）。今でも電話で話すことがあります。そのとき、渡さんと共演した子役が真田広之。現場では「ひろくん」とみんなに可愛がられていた。真田さんは色気があって嫌味がない。アクションで吊るされたり、落とされたりしても文句ひとつ言わない。深作監督もほれ込んでました。世界に誇れる俳優だと思います。

残念ながら、若くして世を去った方もいます。ひばりさんも僕をいつも応援してくれました。『ワンシーンだけ役者で出なさいよ』と言ってくれて、僕はひばりさんの胸倉をつかむヤクザ役で共演しました。あんなスターは二度と出ないでしょう。『影の軍団』で奇怪な公家《くげ》役で出ていた成田三樹夫さんは『菅ちん、二人でドラマ作ろうよ。金はなんとかする』と言って本気で約束したら死んじゃった。カッコよくて面白い人でした」

菅原には師匠もなければ弟子もいない。映画斜陽の荒波を受けたときも、テレビ時代劇が減って厳しい風が吹くときも、一人、黙々と現場に立ち続けている。取材時は、勝海舟の母を描いた沢口靖子主演の新作『小吉の女房』の撮影中だった。

「どこで調べてくるのか、『殺陣師になりたい』という電話がかかってくるんです。女の子からも多い。時代劇は日本の文化として守っていくべきだと思うし、常に新しい発見がある面白い仕事だと思います。でも、失敗したって次がある時代じゃない。次世代にどう引き継ぐかは難しい時代ですね。僕は映画やドラマ、宝塚など舞台の殺陣も続けていますが、個人的には『水戸黄門』のセリフじゃないけど、そろそろ『もういいでしょう』という心境かな（笑）」

中村メイコ

女優

実験放送に出たのは、六歳のころ

中村メイコ／なかむら・めいこ

一九三四年、作家・中村正常の長女として東京に生まれる。二歳のとき、映画『江戸っ子健ちゃん』でデビューし、天才子役として注目される。その後現在に至るまで、女優として映画、テレビ、舞台などで幅広く活躍。五七年、作曲家・神津善行と結婚し、長女で作家のカンナ、次女で女優のはづき、長男で画家の善之介とともに「神津ファミリー」として親しまれる。

令和二年（２０２０）年5月末時点で、八十六歳にして芸歴実に八十四年！

昭和九年（１９３４）、作家・中村正常の長女として東京に生まれた中村メイコは、二歳八か月で映画『江戸っ子健ちゃん』のフクちゃん役でデビュー。テレビには、戦前の昭和十五年（１９４０）の「実験放送」にも出演したという、筋金入りのテレビ女優である。

「実験放送」は、昭和十五年に開催予定だった東京五輪に向けてのテレビジョン研究のための放送で、昭和五年（１９３０）に始まった。昭和十四年（１９３９）五月十三日、内幸町の新放送会館完成を記念して、13キロ離れた砧《きぬた》（世田谷区）の技術研究所からテレビジョン実験電波を発信。翌年から都内各地で映像を公開している。しかし、戦争のため五輪は開催されず、戦況の悪化でテレビジョンの研究も中断することになった。

「芸歴八十四年て……もう博物館に入るようなシロモノですよね。実際、放送博物館に私の幼いころの写真があって驚いたってカンナ（中村の長女で作家・エッセイストの神津《こうづ》カンナ）が言ってました。『ママは恐竜の骨とかと同じね』って（笑）。確かにそれくらいいろんな経験をしてきましたね。

実験放送に出たのは、六歳のころです。実験放送テレビドラマ第二弾『謡《うたい》と代用品』という作品で、12分くらいの短いもの。私は主人公の孫娘の役で、台本もカメラ割りもきちんとありました。砧のＮＨＫの試験場に小さなスタジオがあって、そこから放送するんです。私の台本の漢字にふりがなをつけてくれたり、おんぶしてスタジオに連れて行ってくれたのは、のちに『朝ドラ』（連続テレビ小説）を創設して、ＮＨＫの会長になった坂本朝一《ともかず》さんでした。

映画『江戸っ子健ちゃん』の
フクちゃん役でデビュー（1937年）

生放送でセット替えもできませんから、一場面だけで展開するお話です。驚いたのは、カメラさんも照明さんも、撮影スタッフ全員が白衣を着てるんですよ、実験だから（笑）。幼い私はレントゲンでも撮られるんじゃないかと思って、怖くなりましたね。カメラも戦車みたいに大きくて、怖かった。四輪がついたアイコノスコープカメラといわれるもので、軍艦と呼ばれていたそうです。そのカメラはズームレンズがないから、人間ズーム。『はい、メイコちゃん、寄ってきて』って、自分が動くんです」

天才子役として、華やかな映画の世界で育ち、広々としたオープンセットや撮影所を遊び場にしていたメイコにとって、テレビの現場は異世界そのものだった。

「私は山本嘉次郎《かじろう》監督の作品が多かったんですが、そのころは、ファースト助監督が黒澤明さん、セカンドが谷口千吉《たにぐちせんきち》さん、サードが市川崑さんという素晴らしい時代でした。東宝の撮影所は青々とした芝生と白い柵があって、とってもモダンなの。そこで私は『黒澤のお兄ちゃまが一番好き。だって背が高いから、おんぶしてもらうと一番景色がいい』なんて言ってる子だったんです。それがテレビジョンに来たら、白衣の知らない人に囲まれるんだから……。

でも、実験放送の映像が銀座の三越デパートの街頭テレビジョンで見られるというので、私

新潮社

新刊案内

2020 **6** 月刊

地上最強の男

世界ヘビー級チャンピオン列伝

百田尚樹

6月25日発売
●1900円

ヘビー級王者の歴史。それは、世界史をも動かした、人類最強の男達の物語だ。読者を熱狂と興奮のリングに引き摺り込む、渾身の雄編。

336415-3

サキの忘れ物

津村記久子

6月29日発売
●1400円

見守っている。あなたがわたしの存在を信じている限り――。たやすくない日々のなかに宿る僥倖のような、まなざしあたたかな短篇集。

331982-5

邦人奪還

自衛隊特殊部隊が動くとき

伊藤祐靖

6月17日発売
●1600円

北朝鮮でクーデター勃発。拉致被害者を救出せよ！　そのとき国はどう動く？　日本初、元自衛隊特殊部隊員が壮絶なリアルを描く、迫真ドキュメント・ノベル。

351992-8

■とんぼの本

遊廓

渡辺豪

6月29日発売
●2000円

602294-4

の祖母がさっそく出かけていって、画像はよくないものの『メイコが出てる』と喜んでくれた。私は生放送だから自分では見られないけど、うれしかったのは覚えてますね」

とはいえ、まだテレビが各家庭に普及するとは、一般にはあまり信じられていない時代である。テレビの世界に飛び込んだ人材も次々に戦争にとられていく。テレビの未来は一部の関係者以外、想像できなかったに違いない。

「映画でごいっしょした高峰秀子さんや沢村貞子さんからは、『あなた、どうしてあんな電気紙芝居みたいなちゃちいものに出るの。やめなさい』と言われました。でも、私はテレビって面白いと思った。なんとなくもう映画じゃない、これからはテレビじゃないかという気がして、ここに早くなじもうと思ったの。私は昭和十五年（１９４０）の『エノケンの孫悟空』という山本監督の映画に出てますけど、その中にもうみんなでテレビを見ているシーンがある。これはオリンピックに向けて日本にもこんな技術があるんだと誇るためのシーンだったのかもしれませんけど、私はいつかこんな時代がくると感じていたのかもしれません。もともと好奇心は強いし。新しもの好きだったんでしょうね（笑）」

テレビジョンの研究は終戦後ほどなく再開され、昭和二十五年（１９５０）からは試験放送が始まった。そこでも中村メイコは欠かせない存在だった。

「内幸町のＮＨＫの建物は、進駐軍に接収されていたので、テレビは一階部分しか使えませんでした。私はドラマに出るんですけど、試験放送は定期的になっても画面がうまく出ないことも多くて、私たちが準備して行っても、画面がうまく出ないからと帰らされることも結構ありました。ラジオは人気でしたね。私はラジオの仕事もあって、放送を終えて新橋のほうに向かうと、靴磨きの少年に呼び止められて、『おい、メイコ、今日、靴磨きの役やってたけど、呼び込みの声が違うぞ。こうやるんだ』と大きな声で呼び込みの仕方を教えてくれたり。そういう時代でした」

そうした過程を経て、昭和二十八年（1953）二月一日、NHKから日本初のテレビ本放送が始まった。放送開始に際して、古垣鉄郎《ふるかきてつろう》会長は「テレビは国民生活全体の上に革命的ともいえる大きな働きを持つ」とあいさつした。

中村メイコはその翌年の十月から、『今晩わメイコです』というレギュラー番組を持つ。歌とドラマの20分のコメディ番組で、タレントの名前を入れたいわゆる「冠番組」として日本初となった。しかし初回は放送トラブルにより中止になったという。

「とにかく毎週生放送ですから、いろんなことが起こります。私の顔だけ映してる間に下ではみんなが脱がして衣装を替えるのも当たり前。カメラが三台しかなくて、ニュースの時間が近づくと、ドラマの最中に一台がそーっと抜け出してニュースのスタジオに行くんです。カメラが減るからドラマのカット割りは大変ですよ」

記録によれば本放送開始当時、NHKにあったのはスタジオ系カメラ3台、中継用カメラ2台のみである。

「時代劇なのにTシャツの人がカメラの前を横切ったり、放送中に出前の人が入ってきちゃって『○○軒でーす』なんて声がそのまま出ちゃうこともありました。でも、当時の役者さんはすごく機転が利く。出前の人に『おお、待ってたよ。そこにおろして』とかうまく処理するんですよ。だいたい舞台の役者さんだったから、生に強い。セリフも間違わないし、素晴らしかったですね。放送局自体が小っちゃくて、出演者の個室なんてあまりなかったから、みんなでワイワイやるんです。

演出家は映画からきた人が多かった。映画からテレビって、嫌だったと思いますよ。ちゃちいし、時間はないし。そういう人たちが、メイコちゃんならなんとかなるんじゃないかって声かけてくれたのね。だけど、私も慣れてなくて、セットの道を歩きながら『あそこの突き当り』と言うのを『あのドア』とか言っちゃって。一本道のシーンなのに目に見えるのはドアだから（笑）。毎回手作り感100パーセントで、私は好きでした」

「来るものは拒まず」と次々仕事を引き受けたメイコを応援してくれたのも、やはり新しもの好きの父だった。

「うちにはフィリップス製の大きなテレビがありました。父が進駐軍の通訳さんに頼んで手配してもらったものです。テレビがあるうちはあまりないので、近所の人を呼んでわーっと集まって、みんなで見ることが多かった。祖母も喜んでいたようです」

そんな中、中村メイコは、テレビの歴史的瞬間に立ち会ってもいる。

「ある日、田中角栄さんと雑誌で対談していたら途中で『まあ、メイコ。大事な話だ。ちょっと待ってくれ』ていうから、何の話かと思って待っていたら、『まあまあまあ』とあの角栄節で戻ってきて、『今、認可した』『なんですか認可って？』って聞いたら『民放を認可した。メイコ、お前は記念すべき日にここにいたんだ。テレビの申し子だ』と言われたんです」

田中角栄は、昭和三十二年（１９５７）、戦後初の三十代の国務大臣として郵政大臣に就任。テレビ局の放送免許を管轄する郵政省のトップとして、新聞社、民放キー局、ネットワークの系列化を推進した。

たとえばテレビ朝日は、昭和三十二年、「株式会社日本教育テレビ」（ＮＥＴ）として設立され、免許交付の条件は全プログラムのうち五割以上を教育番組、三割以上を教養番組とすることであった。その後、総合局免許が交付され、現在のテレビ朝日へとつながっていく。

「角栄さんは女から見ても魅力的な方でしたよ。私は『まあ、そのう』っていうのはやめなさいよって言ってました（笑）。昔はズバズバものをいう、素敵な人が多かったですよ。

そのころ、『中村メイコのバージンを守る会』って変な会があってね。田中角栄さん、山本嘉次郎さん、藤浦洸《こう》さん（詩人・作詞家）、徳川夢声さんとかが勝手にやってたの。それが私が神津《こうづ》善行《よしゆき》さんと婚約したら、『中村メイコのバージンを守れなかった会』になってずーっとやってた。面白いでしょう」

徳川夢声は、元弁士で俳優、漫談家、作家としても人気を得た。ラジオ、テレビで活躍したマルチタレントの草分けである。

昭和三十二年に徳川夢声の仲人で結婚することになる神津との縁の始まりもテレビだった。日本初の民間放送局としてＮＨＫと同じ昭和二十八年に開局した日本テレビの開局記念番組である。

『二人でお茶を』という30分のミュージカル・コメディです。主演はフランキー堺さん。神津さんは音楽で参加していたんです。フランキーさんは麻布中学で神津さんの三年先輩なので、神津さんの前で私が『フランキーが……』とか言うと、『堺さんと言いなさい』と言われます。麻布中学の演劇部はすごくて、小沢昭一さん、加藤武さん、二枚目は仲谷昇《なかや》さんがいらした。神津さんは私と婚約したときには、小沢さんたちから『メイコちゃんと結婚するのか』と驚かれたみたいです」

多くの才人に見守られながら成長したメイコの物おじしない性格は、トーク番組で大いに発揮された。

「昭和三十四年（１９５９）に日本教育テレビで開局記念に始まった『メイコのごめんあそばせ』は、昭和四十三年（１９６８）まで続きました。私がホステス役でゲストにお話を聞く午後9時45分から15分間の生放送。第一回のゲストは徳川夢声さんでした。私はカンナが生まれていたので、毎日、ご飯を食べさせ、寝かしつけてから局に通っていました。当時のトーク番組には台本はなくて、私は夕刊を見て、今日はこの方がゲストなのねって、自分の番組のことを確認してました。台本はないし、怖いもの知らずだから、私はなんでも聞いちゃう。先々代の若乃花さんがいらしたとき、プロデューサーからは『お相撲さんは口が重いから手こずるよ』と言われていたのに、本番ですごくおしゃべりされたんです。びっくりしてどうしてそんなにお話ししてくれたんですか？　と聞いたら、『君は相撲のことは全然聞かずに、好きな歌は？　お酒は？　好みの女性の話まで聞いてくる。面白いからついしゃべっちゃったんだよ』

『メイコのごめんあそばせ』ゲストは作家・今東光

とおっしゃった。私は『そうか、若乃花に相撲とか、その人にその人らしい質問をしてもつまんないんだな。これがインタビューのコツなんだな』とわかった気がしました」

この番組の中でも、メイコには忘れられない場面がいくつかあるという。

「山田五十鈴さんがいらしたとき、何度か結婚されていたことは知っていたので、つい『山田さんはどうして何度も結婚されるの？』と聞いたんです。そしたら、『この前、酔っぱらって別れただんなの家に行ったら、おい、うちを間違えてるぞって言われてね。あ、そうかと思って帰ったわ』と笑ってらした。反対に生涯独身だった新珠《あらたま》三千代《みちよ》さんには『どうして結婚しないの』と質問しました。返ってきた答は『ええ、よほどうっかりしない限り、結婚はしません』。あらら、私はうっかりして結婚しちゃいました、と思ったりね（笑）。大女優がこんなことを言うんだから、面白いですよね。

印象的だったのは、三島由紀夫さんです。作品を読んでいて、どうしても聞いてみたくなって『三島さんて、死んじゃいたいと思ったことないですか？』と聞いたら、小さい声で『あるよ』って。今思うと、どんなお気持ちで応えられたのか……。それからも三島さんとの縁は続いて、自決される三ヵ月前にも対談でお会いしてますし、三日前には山口洋子さん（作詞家・直木賞作家）の経営していた銀座のクラブ『姫』でもお会いしました。忘れられない方ですね」

戦前、戦後の日本を動かした政治家もゲストに招いた。テレビという新しいメディアに慣れていなかった政治家は、にこにこと質問するメイコの前でさまざまな表情を見せたのである。

「日本教育テレビには『宰相登場』という番組もあって、東久邇宮稔彦《ひがしくにのみやなるひこ》さんはじめ、歴代総理大臣に来ていただきました。困ったのが、吉田茂さん。生放送なのに遅刻されて、もう番組が10分しかないというところに『玄関に今到着』ってフリップが出た。私はカメラに向かって『いらしたみたいです』（笑）。それだけでも大変なのに、犬を連れていらして、本番でもなぜか不機嫌でおっかなくて……。でも、番組が終わったらリラックスして、いろんなおしゃべりをしてくださいましたね」

テレビは次第に国民的なメディアになっていった。昭和三十四年の皇太子ご成婚の際は、パレードの様子が実況生中継され、テレビの普及に大きく貢献したといわれる。そして、テレビは皇居の中にも新しい風を吹かせつつあったようだ。

「三十四年の夏から、徳川夢声さんと私は一般視聴者の方が番組の中で結婚式を挙げる『テレビ結婚式――ここに幸あれ』（フジテレビ）の司会をしてたんですが、あるとき、夢声さんが本番と同じフロックコート姿で帰ろうとしていた。そんなことはめったにないので、どうしたんですかと聞いたら、その日は皇居で天皇陛下のお話相手になるというんです。聞けば、天皇陛下がいろんなことにご興味を持っていらして、いろいろな文化人が月に一度皇居に行ってお話すると。私は『わあ、天皇陛下に会うの。いいなあ。よろしくね』って何気なく言ったんです。夢声さんは、皇居でお話が終わった後に『陛下、つかぬことをお伺いしますが、中村メイコという人をご存知ですか』『知ってる。小さいころから映画に出ている。賢い子だろう』と陛下は私のことをご存知だったんですね。それで夢声さんが『中村メイコが、よろしくねと申しておりました』と言っちゃった。でも、陛下は誰からも『よろしく』なんて言われたことがないから、不思議そうな顔をされていたって。確かにそうですよね。私、なんてことを言ったんだろうと思いましたよ。でも、このことで陛下もテレビや映画にご興味があるんだとよくわかりました」

まさに日本中知らぬものがいないテレビタレントとなった中村メイコは、この年、『紅白歌合戦』の司会に抜擢される。

メイコは、昭和三十四年（１９５９）の第十回から三年間、『紅白歌合戦』の司会を務めた。大きな注目を集める仕事だが、メイコは依頼を受けたときから「三年間だけ」と条件をつけていたという。

「あの頃は、紅白の司会は一度引き受けるとずっと続くというのが常識でした。でも、私はカンナが生まれていたし、娘の物心がついたら、年末にはおせちを作ってお正月の準備をしてということを教え込まないといけないと思っていたので、カンナが幼いうちだけ、三年間だけならやりますとお引き受けしました」

『紅白歌合戦』はもともと正月のラジオ公開番組だった。当初は内幸町の放送会館第一スタジオから放送されたが、本放送開始以後の第四回から、テレビの公開番組となり、同時により多くの観客を集めるため、大劇場からの中継となった。しかし、正月は新春公演のため劇場がどこも空いておらず、やむなく大みそかの放送となり、次第に年末の国民的番組として定着していった。メイコが軽妙な話術で知られたＮＨＫアナウンサーの高橋圭三とともに司会をした第十回には、その年、「黒い花びら」で第一回レコード大賞を受賞した水原弘やザ・ピーナッツらが初出場している。

長女のカンナと

「『紅白』はそのころすでにみんなが楽しみにしている国民的番組でした。でも、今みたいに厳密にリハーサルをして、きっちり進めるみたいな体制では全然なくて、準備といっても、歌の順番を確認して、歌手の人たちは簡単に音合わせをするだけ。司会の私は圭三さんに『前説《まえせつ》はメイコ考えてね』って言われていたので、歌手の方を紹介する言葉は全部ぶっつけでした。衣装も自前です。圭三さんは

『一度くらい着替えたほうがいいよな。俺は白タキ（シード）と黒タキでいくよ』と言われて、男の方は気楽でいいなあと思いました。私は、当日、神津の姉に来てもらって、『ごめんなさい、帯だけお願いします』と着物の着付けを頼みました。

　時間も結構いい加減で、放送中、舞台の上手《かみて》を見ると、ディレクターが指をくるくるして『進行を速めて』と合図してるんですけど、下手《しもて》を見ると別のディレクターが『もう少し引き延ばして』と合図してくる。もう、どっちなのよ〜！　と思いましたよ（笑）。まだ、ＮＨＫホールがなくて、宝塚劇場や日劇からの生中継だったので、別の仕事の後、到着する人も多くて、『〇〇さんが到着しました』なんて紙をディレクターが見せるとすぐに『それでは〇〇さん、どうぞ！』とかね。そんなこんなで時間がいい加減だから、最後に藤山一郎さんが指揮する『蛍の光』が大変なんです。時間が余ってると、ゆっくり歌えるけど、時間がないとどんどんテンポが速くなって（笑）。でも、それが生放送。私は大好きでした」

　メイコが司会を務めてから二年目には「潮来笠《いたこがさ》」の橋幸夫、「誰よりも君を愛す」の松尾和子、三年目には「王将」の村田英雄、「上を向いて歩こう」の坂本九らが初出場を果たした。

「あのころは、おとなの歌手の方が多かったですね。村田英雄さんも幼いころから浪曲の舞台で一人で歌ったり語ったりしてきた方なので堂々としてました。越路吹雪《こしじふぶき》さんは、本番中、私を手招きして、『隣に座ってる人が気に入らないの。替えて』なんて言ってくる（笑）。人間味があるんですよ、みんな。

　圭三さんの明るさとユーモアにも助けられましたね。圭三さんが本番で『佐藤さんから祝電が届いております』と畏まって言うから、当時、大蔵大臣だった佐藤栄作さんかしらと思ってドキドキしたら、『世田谷区の佐藤さんより』って（笑）。アドリブが面白いんですよ」

そして、紅白には中村メイコの親友・美空ひばりも出場していた。

「ひばりさんは、紅白でも落ち着いたものです。放送中、私に『メイコ、いっしょに帰りましょ』なんて耳打ちしてくる。それが画面に映ったみたいで、『美空ひばりは怖いから、きっと中村メイコにクレームを言ったに違いない』と心配のお手紙をいただきました。全然違うんですけどね（笑）。

実際、紅白は終わってからが大変なんです。劇場の前はものすごい人だかりで、出てくる歌手の人たちはもみくちゃにされる。私も『メイコちゃん!!』と追いかけられて、イヤリングを引きちぎられて耳をケガしたくらいです。その点、ひばりさんは、たくさんの護衛の人に守られてます。でも、私は『いっしょに』と誘われたときに言ったんです。『いやよ、あなたと帰ると大名行列みたいなんだもの』（笑）。それでも、ふたりとも赤坂に住んでいて近かったし、いっしょに会場を出て、まだ人が少ない豊川稲荷で初詣して、飲んで帰る。楽しい年末でしたね」

美空ひばりとのつきあいは長い。ふたりとも子どものころから芸能界にいて、ふつうの少女時代を過ごすことができなかった。似た境遇のふたりは、出会ってすぐに意気投合。メイコの結婚、ひばりの結婚・離婚など私生活に変化があった後も、つきあいはずっと続いたのである。

「ひばりさんは弟たちがいて、しっかり者のお姉さん。私は一人っ子の甘えん坊。性格は全然違うけど、違うから気が合ったのかもしれません。ひばりさんはああ見えて、すごくいたずら好き。夜中に赤坂でおでんの屋台のおじさんが居眠りしているのを見て『メイコ、屋台引っ張ったことある?』と、ふたりでこっそり引いて、またもとに戻しておいたり(笑)。『あたしがあなたのモノマネで神津さんに電話する』って言い出して、ホントに神津さんをだましちゃったこともある。優しくて頼りになって、でも寂しがり屋で……。弟さんのことで紅白に出られなかったときは、辛かったと思う」

昭和四十八年(1973)、実弟の不祥事などから、ひばりは十年連続でトリを務めてきた『紅白歌合戦』の出場を辞退した。逆境の中にいた歌謡界の女王をメイコは励まし、支えたのである。

一九六〇年代以降も、メイコの仕事の幅は広がっていった。

ドラマでは、子どもたちが主役のホームドラマ『グーチョキパー』にお母さん役でレギュラー出演した。

「たくさん子どもたちが出る三〇分ドラマでしたけど、一番印象的だったのは、十四歳の娘役で出演したジュディ・オングさん。初対面のときはあまりにも美しい子で『あなたに見とれてとちっちゃったわ』と言ったくらい(笑)。彼女は大学受験のために収録の合間にも勉強してましたね。キノトールさん(『11PM』や『巨泉×前武ゲバゲバ90分!』でも知られる)の脚本もいいから、人気が出た。三〇分ドラマは展開も早くシャキッとして好きです」

また、時代劇ではフジテレビ初期の傑作といわれる『三匹の侍』にゲスト出演した。丹波哲郎・平幹二朗・長門勇（のちに丹波は降板、加藤剛が加わる）の三匹の素浪人が、旅をしながら悪人を斬る。アウトロー時代劇である。

「フジテレビは後発の局でもあり、若々しく、いい意味で乱暴でした。五社英雄さんが始めた『三匹』は、とにかく徹夜が多い。スタジオの廊下でスタッフがまぐろのように寝てましたからね。こっちも早く飲みたいのに、だいたい朝までかかるから朝酒になっちゃう（笑）。でも、役者の腕は育ったと思います。狭いスタジオでどうチャンバラやるか。それだけでも役者の腕です。広いセットでの撮影に慣れてる映画出身の人は驚いたと思いますよ。睡眠不足で二日酔いで、それでもみんないい仕事をした。あのころのフジテレビは、無我夢中で素敵でした」

中村メイコが、これまでで唯一「出たい」と希望したドラマが、TBSの『ザ・ガードマン』である。昭和四十年（１９６５）にスタートしたこのドラマは、高倉キャップ（宇津井健）をリーダーに、神山繁、藤巻潤、中条《ちゅうじょう》静夫、川津祐介、倉石功ら二枚目俳優がレギュラー出演。脚本も増村保造らが務め、社会問題や犯罪に立ち向かう警備のプロの活躍をスタイリッシュに見せて、長寿シリーズとなった。「ガードマン」という言葉も、このドラマがきっかけで広まった。

「私は宇津井健さんに憧れていたので、出演が決まったときはうれしかった。でも、スケジュールはとても大変で、私が宇津井さんに『待ってます』とセリフを言う一番楽しみにしていたシーンの時には、彼はもう別の現場に移動してた……。私の前には助監督さんが『これを宇津井さんだと思ってセリフを言ってくださーい』なんて汚い軍手をひらひらさせながら立ってるんですよ。心の中では、冗談じゃない、私は宇津井さんのファンで、街を歩いていて、宇津井さんが出てたサントリーオールドの看板に思わず手を振ったら、タクシーが止まっちゃったこともあるんだぞ、軍手とはなんだ！　と思ってましたけどね。後に一度だけ宇津井さんとお酒を飲む機会があったとき、タクシーの話をしたら、『それは申し訳ありませんでした。僕がその時のタクシー代をお支払いします』と言われてね（笑）。スカしてるわ、と思ったけど……やっぱり素敵な人でした。

困ったのは、私がゲストで出たと聞いて、ひばりさんが『私も出たい』と言い出したこと。それで二人が姉妹の役でゲスト出演したんですが、ひばりさんにとっては初めての連続ドラマのゲスト。タイトなスケジュールに慣れてないから、『メイコ、こんなに大変なの』とふたりとも疲れてしまって、寝てるシーンでは本当に眠ってました（笑）」

もうひとつ、メイコとテレビの仕事の関係で欠かせないのが「声」である。子役時代から「七色の声」と称賛されたメイコの豊かな表現力は、アニメや海外ドラマの声優として活かされてきた。初期の作品で有名なのが、『宇宙人ピピ』（１９６５〜６６）と『わんぱくフリッパー』（１９６６〜６８）である。

『宇宙人ピピ』は、小松左京のＳＦ童話を原作に、円盤で地球にやってきたピピと子どもたちの交流を描いた。実写ドラマにピピだけアニメを合成させる、ユニークなＮＨＫの作品だった。

「『ピピ』は斬新な分、大変でした。私の音声の収録は都内のぼろくて汚いスタジオで、一応、映像を見ながら録音できるんですけど、画像が間に合わず、『とりあえずこの場面のピピの口の形はこうです。唇の形に合わせてしゃべってください、ハイ本番』と言われる。演出もないし、台本を読んでだいたいこんな感じの声だろうとやるんですよ。毎回、よく間に合ったなと思いますよ。

『わんぱくフリッパー』は、イルカと家族の物語でいい話でした。翻訳もとてもよかった。お父さんが矢島正明さんで、私は弟のバド役。男の子の役ばっかりですよね。家族に聞くと、私は一人っ子だったから、人形遊びでもいろんな役を一人でやってたらしい。女の子も男の子も演じられるのは、その影響があるのかもしれません。ラジオでも『パパいってらっしゃい』という番組をやっていて、カンナが、そこで私が演じていた〝ごんちゃん〟に会いたいって言い出したことがありました。あれはママなのよと教えては夢が壊れると思ったから、私はとっさに『ごんちゃんは忙しいから、うちには来られないけど、電話なら大丈夫かも』と言ってうちを飛び出し、急いで公衆電話を探して、カンナに『もしもし、カンナちゃん。いつも応援ありがとう』とごんちゃんの声でうちに電話したこともありました。カンナは大喜びですよ。それくらい子どもたちは、夢を抱いて私の声を聴いてくれてるんですね」

来日した美少年好きの有名男優から、美少年と勘違いされて口説かれそうになったこともあったという。メイコの巧みな発声は、キャラクターをイキイキさせたのだった。

さらに日本中を笑わせる番組にも出演を続けてきた。『お昼のゴールデンショー』は、昭和四十三年（１９６８）から約三年半、月曜日から金曜日までの正午からフジテレビで放送された公開バラエティである。司会は前田武彦。この番組で萩本欽一、坂上二郎のコント55号がブレイクした。

「『お昼のゴールデンショー』は、毎回ゲストを迎えての生放送。私は週一のレギュラーでした。丸いステージでお客さんの前で歌もコントもやるんですが、三波春夫さんがゲストのとき、歌のクライマックスでぴたりとポーズを決めながら、私に聞くんですよ。『花道はどこですか？』。いつも劇場の花道を颯爽《さっそう》と去っていく段取りだから、困っちゃったのね。こっそり『花道はありません』と伝えたら、すぐにきれいに見得を切って歌を締めくくられた。さすがですよね。でも、いかにリハーサルがなく、ぶっつけだったかわかるでしょ（笑）。本当に毎回いろんなことが起こって、楽しかった」

紅白五人ずつのチームで、キャプテンのヒントからさまざまな言葉を言い当てるNHKの名物番組『連想ゲーム』の初代紅組キャプテンを務めたのもメイコである。

「『連想ゲーム』も私がやっていたころは生放送で、問題は本番の十五分くらい前に渡されます。だからヒントは本当にその場で考えなきゃならなかった。でも、それが面白かったんですよ。ゲストの女優さんたちが、クイズで困ったりうろたえたり、ふだんのすました顔とは違う表情を見せるのもよかったんでしょうね。たまに困ったのは、『年輪』という正解を自信満々で『ねんわ』と間違えて言われたりしたときです。生放送だからどうしようもないし……。白組のキャプテンの加藤芳郎《よしろう》さんがとっても面白くて、『まんじゅう』という答えに『怖い』なんてヒントを出す。落語を知らなきゃ、わかんないでしょって（笑）。生放送だからきっちり時間通りに終わる。そのまま飲みに行くのが恒例でした」

よく働き、よく飲み、よく子育てする。ママタレントの元祖とも呼びたいが、それほど「頑張っている」感じがしないのも、中村メイコらしさなのかもしれない。

「そうですね。私は自分ほど女優根性、役者根性のない女優はいないと思ってます。女優になろうと思ってなったわけじゃなくて、気がついたらなっていたから、プロ意識もない。よくお母さんも女優もやってすごいですねと言われましたけど、あ、今はこの仕事、あ、結婚したんだ、あ、お母さんになったんだって、いつも目の前に現実があったから、それを片付けていただけで、本人はいい加減なんです（笑）。

『お笑いオンステージ』で三波伸介と

これからやってみたい役……そうですね、私は三波伸介さんの『お笑いオンステージ』のお芝居で、それこそ小学生からおばあちゃんまでありとあらゆる役をやりました。食べ物屋のおばちゃん役なんか何度やったか……その扮装でＮＨＫの食堂にいると、本物だと思われて『おばちゃん、チャーシュー麺』なんてしょっちゅう言われたもんですよ。だけど、八十年以上仕事してきて、悪人とか犯人役だけはやったことがない。中村メイコだと面白い犯人になっちゃうかもしれませんが、一度いかがですか？　って思うんですけどね。

それにできれば生放送がいいなあ。人間が生身でやる芝居は強いです。テレビはそこに立ち返ってもいいんじゃないかしら？」

久米明
俳優

時代劇に時計して出ちゃった

久米明／くめ・あきら
一九二四年東京生まれ。東京商科大学（現・一橋大学）卒業後、劇団「ぶどうの会」「欅」「昴」で舞台俳優として活躍。洋画の吹替も数多く手がけ、中でもハンフリー・ボガートの吹替は絶対的支持を集めている。『すばらしい世界旅行』『鶴瓶の家族に乾杯』などのナレーションでもおなじみ。九二年に紫綬褒章、九七年に勲四等旭日小綬章受章。元日本大学芸術学部教授。

「鶴瓶《つるべ》の、家族に乾杯」

毎週月曜日の夜、テレビでこの声を聴くと、なんだかほっこりする。そんな読者も多いのではないか。平成九年（１９９７）から二十年以上、平成三十一年（２０１９）三月までＮＨＫ『鶴瓶の家族に乾杯』で語りを務めたのが、久米明である。

大正十三年（１９２４）生まれの久米は、少年時代、日本がテレビジョン開発に本格的に取り組むきっかけとなった、昭和十五年（１９４０）開催予定だった「東京オリンピック」の気運の高まりを記憶しているという。

「僕は小学校のときはどうにか成績がよかったんですが、東京府立第四中学校は滑って麻布中学に補欠で入りました。中学一年から補欠人生が始まったんです（笑）。オリンピックは、おそらく二十年くらい前からやるやると言われていたと思います。テレビのことはわかりませんでしたが、オリンピックについては日本中、浮かれてましたね。もっとも麻布は明治からの古い学校ですが、スポーツには恬淡《てんたん》としてました」

同級生のひとりに吉行淳之介がいた。「吉行は文芸部を作ったりしてすごく頭がよかったですが、当時は小説は書いていませんでした」とのことだが、久米と吉行との出会いから約六十年後に、吉行一家の物語は母あぐりさんの手記をもとにＮＨＫの朝ドラマ『あぐり』として放送されることになる。

自由闊達な中学生生活で初めて映像に強く惹かれたのは「ニュース映画」だったという。テレビがない時代、民間のニュース製作会社と新聞社が製作することが多かったニュース映画は、最先端の報道映像だった。

「有楽町に白亜の殿堂日劇、その向かいに朝日新聞があった時代。日劇の地下にニュース専門の劇場があったんです。短編映画とか記録映画などを上映する。僕は中学三年くらいでしたが、背が高いから浪人生のふりをしてニュース映画を観ました。真珠湾攻撃に成功したとか、その過程を観たいと思ったんです。毎回、一番が戦争のニュース。一週間ごとにニュースが替わるのを喜んで見るという雰囲気でした。

親にこそこそ隠れて映画館にいったり、僕が俳優になる下地はあったとは思います。でも、中学時代は芸能界のゲの字も知らなかった。同級生の親は有名人も多かったですが、関心もなかったですね。僕は名作映画とニュース映画に明け暮れてました」

昭和十七年（１９４２）、久米は一橋大学（当時は東京商科大学予科）に入学するが、学徒出陣により陸軍に入隊。見習士官として東京陸軍幼年学校に赴任したその日が、昭和二十年（１９４５）、八月十五日だった。

戦後、久米を虜にしたのは、芝居であった。俳優座では、のちにテレビでも活躍する小沢栄太郎、東山千栄子、「水戸黄門」シリーズの初代水戸光圀役となる東野英治郎、東京芸術劇場では滝沢修、薄田《すすきだ》研二、山本安英、文学座の杉村春子らが、新劇の復活を支えていた。自宅の防空壕に残っていた家族の着物を闇市で売り払って芝居のチケットを買う毎日を送る久米は、その後、大学の演劇研究会を通じて出会った山本安英に師事し、劇団「ぶどうの会」を結成。本格的な俳優活動を始めることになる。

「『ぶどうの会』は、山本先生の塾のような演劇の勉強会が始まりです。焼け跡で、山本先生がやっと見つけて家族とお住まいだったバラックにみんなで集まって、昼間そこを稽古場にしてました。山本先生には本当にお世話になりました」

やがて「ぶどうの会」は、演劇活動の傍ら、ラジオでの仕事が増えていく。庶民のもっとも身近な娯楽はラジオであった。

「当時、僕らは、NHKのラジオ局芸能班で仕事をしていました。青少年部というのがあって、教育番組を放送する。ドラマじゃないから看板じゃないという目で見られてた。なんとなくそういう空気を感じるんですよね（笑）。といっても看板のドラマ班の連中だって、これから堅気にならなきゃいけない、と放送局に入ってきたような人たちで、NHKも出入り自由でね。放送局ってこんなに自由かと思いました」

連続放送劇『えり子とともに』など、ラジオの名番組に関わっていた最中、久米たちにテレビの実験放送出演の依頼が舞い込む。昭和二十七年（1952）のことである。

「一九五二年九月です。でも、テレビの実験放送と言っても一般には話題になりませんでしたね。とにかく実験放送でドラマをやるというので、スタジオがある世田谷区の砧に赴きました。でも、ふつうの部屋を急遽スタジオに改装したものなので、天井からライトを吊るすと、照明が頭のすぐ上にあるから暑くて汗だらだら。映りをよくするためにと、男もしっかり化粧して、口紅まで塗る。女性は紫の口紅でした。カメラは男二人で動かすほど大きいし、モニターがないから、僕らは芝居がどう映っているのか、まったくわからない。戸惑いましたよ。

ＮＨＫ放送劇団は黒柳徹子さんたちを採用して、テレビ向きにしていくようでしたが、僕らはテレビジョンに憧れも持たず、ニュース映画の感覚で見てました。短編でこれだけ大変なんだから、この人たち毎週作れるのかななんて、高みの見物ですよ（笑）。どうせダメだ、ごっこものままごとだろう。それより、もっとラジオに力を入れなきゃ、なんて話をしながら毎晩飲むばかりでした」

「ぶどうの会」は、昭和三十一年（１９５６）、ＴＢＳの前身であるラジオ東京テレビジョンで『彦市ばなし』『ども又の死』など舞台で好評を得ていた演目で、会として本放送に初登場した。銀座のスタジオからの生放送は、観客のいない舞台中継のような番組だった。久米ら出演者は、無事放送は終わったものの、自分たちが二台のカメラにどう映ったのかもわからず、きょとんとした状態だったという。

ほとんどの演出家がテレビに可能性を見出していなかった一九五〇年代、数少ないテレビ派ディレクターが、挑戦的な作品を次々と製作する。久米が出演した『石の庭』もそのひとつだった。

応仁の乱の後、京都・龍安寺の石庭作りに精魂を傾ける兄弟の愛や階級社会のひずみを描く、有吉佐和子の小説を原作にしたドラマで久米は兄・小太郎役。制作はＮＨＫ大阪放送局。演出は豪快な笑い声とともにダイナミックな演出で知られ、後に「賞獲り男」と称されるほど数々の受賞歴を誇ることになる、和田勉《べん》である。

「当時、ラジオ班、芸能班はあってもテレビ班はありませんでした。でも、この作品は芸術祭参加作品ということで、大阪放送局は予算を集中させたみたいです。庭の岩は作り物だったんですよ。あんまり寄りかかると凹《へこ》むから気をつけなきゃならない。作り物だけどよくできてた。あれが一番の収穫かもしれないですね。僕専用のカツラも作ってくれた。もっともギャラには反映してませんけど（笑）。僕は東京から大阪に行って、顔合わせの演出者席に座った和田さんから『久米さん、眼鏡はずしてください』と言われました。弟役の石田茂樹くんにも眼鏡をはずさせて、『なるほどそういう顔ですか』と言うのを聞いてやっぱりテレビだなと思いました。ラジオは眼鏡は関係ないですからね。

本番は大変でした。庭は局で一番大きなスタジオに作って、隣の小スタジオを半分に区切って、ひとつはお姫様の間、ひとつは兄弟の家にした。ふたつのスタジオは小さな廊下でつながっているんですが、そこで急いで着替えて間に合わせる。生放送で、間に合わないと誰も映ってないことになっちゃうから、気が気じゃないですよ。着替えて隣のセットにたどり着くと『はーっ』となっちゃって、お芝居やってる気がしない。この動きを間違わないように大阪で十日間訓練しました」

『石の庭』は無事に芸術祭奨励賞を獲得した。

「和田さんは何かというと『わっはっは！』ですけど、このときはいつにもまして力が入って、わーわー言ってましたね。和田さんは受賞をお土産に東京行っちゃった。その後大活躍です。テレビはディレクターもほかにやりたい人はいないんですから、目立ちますよ」

人材育成はテレビにとっての急務だった。手を挙げるディレクター、プロデューサーは多くはなかったが、久米はもうひとりの名プロデューサーと仕事をしている。

「和田さんと同じ早稲田出身の永山弘さんです。アメリカに半年行って、現地のテレビ技術を学んできた。もともと彼は、僕が出ていたラジオ放送劇『えり子とともに』の演出をやっていた関係でテレビでもいっしょに仕事をすることになったんです。テレビに行ったのは、自分の希望じゃないかな。ラジオの演出家は最盛期には百人近くいたし、昭和三〇年代半ばにも二十〜三十人いた。花形だけど、なかなかトップになるのは難しい。テレビは人がいませんからね。『お前、貧乏くじひいた』『テレビいって浮かれるなよ』とからかわれたのは、テレビに行った人。結局、テレビってなんなのか、みんなよく知らないんです。局の中にスタジオができたと思ったら、あんな大きなテレビカメラが動きまわってる。外から遠巻きに見て、大丈夫かという感じだったと思います」

　昭和三十四年（１９５９）、久米は永山演出の松本清張原作の『氷雨』に出演。これは松本清張がテレビ用に書き下ろした作品だった。同じ年、人気シリーズ『事件記者』にもゲスト出演している。

「テレビは人気が出ましたけど、僕はラジオだったらマイクの前にすっと進んでやるだけでいいのにと思ってました。テレビは改めてお化粧して出ても、モニターがないから何やってるかわかんない。おまけに近眼で、ますます何してるかわかんない。僕なんか神経質だから、生放送のドラマがちゃんと時間通りに終わるかなと心配で、時代劇に時計して出ちゃったことがあります。その二〜三年後、僕が『忠臣蔵』の大石内蔵助役で、四十七士お別れの場、奥方様に

NHKドラマ『たった二人の工場から』記念写真(1961年)
後列左から二人目が久米

ご挨拶するという場面に、ひょいと横を見たら、僕の隣のやつがやっぱり腕時計していて、『何やってんだ』と思った瞬間、次に何を言うか混乱して、がたがた震えてきた。でも、生放送だからそのまま時計映っちゃった（笑）。そんな失敗ばかりでしたよ。やだよ、こんなのは。ラジオはいいなあ映らないからと思ってましたね」

しかし、次々とテレビから声がかかる。いい役がつくことはやはり役者の喜びなのである。

昭和三十五年（1960）NHKの放送記念日特集で初の九〇分ドラマとして放送されたレジナルド・ローズの『結婚不案内』や「ぶどうの会」とも縁が深い木下順二作品などは、大いに注目を集めた。テレビに作品を提供するのを渋っていた木下も、当日スタジオにやってきたという。

次第にテレビでも顔が売れるようになった昭

和三十六年（1961）。大役が回ってきた。NHKドラマ『ひょう六とそばの花』である。

「以前、NHKで狂言として放送された作品のリメイクでしたが、主演が尾上松緑《おのえしょうろく》大先輩です！　しかも私はいっしょに踊れって。『えー』ですよ。松緑さんとは民話劇『彦市ばなし』でご縁がありましたが、相手は舞踊の名手です。どうしましょうと相談したら『適当にやっときゃいいんだよ、久米君。僕がつきあうから好きにやんなさい』とおっしゃる。もうやるしかないと思って、何回かみた歌舞伎の知恵でなんとか踊ると、後ろで松緑さんが派手にやってくれて、それをほめてた批評家がいた。どっかがよかったんでしょう（笑）」

好奇心旺盛でテレビが好きだったという松緑は、昭和三十八年（1963）、井伊直弼《いいなおすけ》の波瀾の人生を描いたNHKの連続ドラマ『花の生涯』に主演。四月から年末まで九カ月間の放送だったが、テレビ初出演の映画スター佐田啓二や淡島千景、香川京子、嵐寛寿郎《あらしかんじゅうろう》ら豪華キャストのドラマは評判を呼び、のちにこの長期間放送の大型枠は「大河ドラマ」と呼ばれるようになる。このドラマに久米は意外な役で出演していた。アメリカ人外交官タウンゼント・ハリスである。

「記念すべき大河ドラマ第一作で外国人役ですからね（笑）。恨みのハリスですよ。伊豆でロケをするってわけですが、ナレーションで『馬上豊かに伊豆山脈を越えて、いよいよ江戸に近づいていく』とあるから、僕は馬上にいなきゃいけない。馬が来たけど僕は乗り方知らないんですよ。そうすると相棒のヒュースケンをやった岡田眞澄が『馬が来た〜』と飛び乗って稜線かなたに走っていっちゃった。嫌な野郎だと思いましたよ（笑）。

セリフなんかないんです。伊豆の山をバッカバッカやるだけ。僕は一度だけ代々木の乗馬クラブで、学生時代に馬術をやっていた木下順二さんに乗り方を教えてもらったんですけど、馬をほめるつもりで首をたたいたら、勝手に走り出してあわや厩舎《きゅうしゃ》の入り口にぶつかる！　という怖い思いをして、先生に『馬にバカにされてるよ』と言われてたので、馬のシーンはちっとも楽しくなかった。なのにスタッフは、『いよいよ本番です。えっとどこだったっけ？』とか、こっちは緊張しているのに、みんなのんきな人が多かったですよ。

ハリスの顔も苦労しました。スタッフは、久米さん、メイクには力入れますからなんていうけど、そんな力入れないでくれよと思いますよ。メイキャップだけ凝ればいいんだろうと思って、ちょっと鼻が低いんで、アメリカの映画でやってるようなパテがほしいんだけどと言ってつけてもらって鼻を高くしました。ところがあれがはがれちゃって、パッと出たとたん鼻がとれちゃった。『はい、鼻直します』って、みんなに知らせることはないだろうと思いましたけどね。ここでまた三〇分待ち。僕は胃が痛くなっちゃった。でも、もうこれで終わりですと言われた途端、ケロっと治った。いや、苦労しました」

この七年後、久米はやはり幕末を舞台に、シーボルトの娘で日本の女医の草分けとなったいねをヒロインにしたＴＢＳのポーラテレビ小説『オランダおいね』に、いねの養父役で出演。ＮＨＫの朝ドラマと同じく新人女優の登竜門と呼ばれた枠で、いね役に抜擢されたのは丘みつ子だった。そしてシーボルト役を演じたのは、藤原義江。スコットランド人の父と日本人の母を持つ藤原は、藤原歌劇団を創設し、海外遊学を重ね、数々のオペラ作品で主役を務めた。

「TBSはスタジオも古くているところがない。藤原義江さんが汚い畳のところにいるのを見て、椅子を探してきますと言ったことを覚えています。お弁当のときも僕らはおなかがすいていてすぐにぱくぱくやりましたけど、先生は悠々と、『君たちはすぐご飯を食べるね。僕はたとえビール一杯でもないと食べられない』と仰る。当時、先生はホテル暮らし。お帰りになるのが帝国ホテルですよ。毎日、楽しいお話を聞きました。そういえば先生は海外暮らしが長くて、ワイシャツを下着にしてました（シャツの長い裾を前後であわせ下着にする）から、着替えのたびに衣装さんが『キャー』と声をあげてました。先生は自然にしているだけなんです。大物だなあと思ったものです」

テレビの世界で仕事を続ける中で、状況の変化を肌で感じていたという。

「はじめのころはテレビが成功するのかどうか、みんな遠巻きに見ていたような感じでした。でも、NHKで僕らのラジオ番組を担当していた永山プロデューサーはじめ、アメリカのテレビ局で勉強した人たちが、ユニークな番組を作るようになり、テレビへの関心は広がりました。いいドラマを作るために特別予算を出す動きも出てきて、テレビが潤った時期があったんですよ。

予算面では映画俳優が出るようになったことも大きかったと思います。スターが出るので、テレビのギャラ水準が上がり、みんなに恩恵があった（笑）。僕ら劇団系の俳優も、舞台とテレビのスケジュール調整を申し出て、仕事をこなしました。いわば二股かけても鷹揚に許されたのは助かりましたね」

映画スターをテレビに出演させない「五社協定」の影響もあり、黎明期のドラマは主に新劇系や歌舞伎、軽演劇の俳優たちが出演していた。しかし、大河ドラマ第一作『花の生涯』には、中井貴一の父で松竹のスター佐田啓二が出演、翌年の第二作『赤穂浪士』には永遠の二枚目・長谷川一夫が大石内蔵助役で主演。多くの映画スターがテレビに進出するとともに、ドラマの製作費は膨張した。

一方、一九五〇年代末から六〇年代には各局の若手プロデューサー、ディレクターがドラマの意欲作を次々発表。その中から久米もゲスト出演したフジテレビの『若者たち』など人気シリーズも多く生まれている。長年、テレビよりラジオのほうが、化粧も衣装もいらず気が楽だと思っていた久米たちも、次第にテレビの現場に親しんでいった。

「僕もちょうどテレビが面白くなってきて、欲が出てきたころですね。でも、僕らは立て続けに舞台をやって二年くらいなかなかテレビに出られない時期があった。ちょうどそのときにTBSで『私は貝になりたい』というドラマが評判になって、いい番組に出たかったなあ、あの役やられちゃった……なんて思ったものです」

『私は貝になりたい』は、戦時中、上官の命令でB29の搭乗員を銃剣で刺殺するよう命じられ、ケガをさせた気の弱い理髪師（フランキー堺）が戦後、捕虜を殺害した戦犯として裁判にかけられ、死刑判決を受けるという物語。戦争の記憶も生々しい昭和三十三年（１９５８）に放送され、大きな反響を呼んだ。脚本は映画『七人の侍』の橋本忍、演出はNHKから当時TBSに移っていた岡本愛彦《よしひこ》。テレビ黎明期の名作ドラマとして知られる。

そんな中、久米は俳優業とともにテレビの「語り」の分野でも力を発揮していく。特に高い評価を得たのが、ドキュメンタリー番組である。

「テレビが始まって以来、ドキュメンタリー映像は報道の大きな柱ですから、NHKも民放も力を入れていました。僕は日本テレビの牛山純一さんが立ち上げた『ノンフィクション劇場』の語りに参加して、忘れられない経験をさせてもらいました」

牛山は日本テレビの開局一期生で、報道記者を経て、民放初の本格的ドキュメンタリー『ノンフィクション劇場』を企画。番組のプロデューサーとなった。後に日本テレビを離れ、この分野の第一人者として日本のドキュメンタリー界を引っ張っていく男である。

『ノンフィクション劇場』で久米が出会った中でも印象深い人物は、昭和三十七年（1962）生まれの荒井貴さん。サリドマイド児として生まれた貴さんは、薬害のため、両手がほぼ失われた状態だった。番組では多くの援助を受けた貴さんが、わずか生後九カ月で、鎖骨を反転させて腕の骨に代用する大手術を受け、六週間後に自らの意思で腕を動かし、天井から吊り下げられたガラガラおもちゃに無邪気に触れる姿を映し出した。

「感動的な瞬間です。涙なしには見られないですね。だからこそ、ナレーションは出しゃばってはいけない。あくまで映像が主、語りは従です」

貴さんの取材は、小学校卒業まで続き、その全記録は『君は明日を掴めるか—貴君の四七四五日』としてまとめられ、優れたテレビ番組に贈られる「国際エミー賞」を受賞している。

久米はNHKでも、サリドマイド児として両腕がない状態で産まれた吉森こずえさんの番組の語りを担当。たくましく育つこずえさんに「生きる」意味と尊さを教えられたという。

そして昭和四十一年（１９６６）、自身の語りの代表作といえる番組と出会う。日本テレビの『日立ドキュメンタリー　すばらしい世界旅行』である。

ニューヨークの街角からアフリカの奥地、中南米の秘境まで。取材班は世界各国を飛び回り、民族の文化、風習、自然、森羅万象をカメラで追う。毎週日曜日夜の三〇分番組で、久米はそのナレーションを担当した。

「あの番組は、すべてギュウさん、牛山純一の力で始まりました。ドキュメンタリーを志す人間にとって、あんな美味しい仕事はない。熱が入ってました。ギュウさんは僕に『これは長く続くからね、久米さん』と言った。その言葉通り、民放では珍しい長寿番組になりました」

『兼高《かねたか》かおる世界の旅』など海外に目を向けた番組も当時すでにあったが、ほとんどがモノクロだった。牛山は経費のかかるカラー撮影にこだわり、スポンサーである日立や局を承諾させた。

牛山のもとにはドキュメンタリーを志すスタッフが集まる。とはいえ、海外渡航が自由化されたばかりで、１ドル三六〇円の時代。撮影チームは、目指す現場に入るまでが大変だった。

「ディレクターとカメラマン、助手、音声、照明スタッフがつけば豪勢だねと言われる。常に五人か六人の必要最低限の人数で出かけていました。中近東の空港まで一日がかり、そこから現地への飛行機が四日にいっぺんしかないとかね。税関でストップがかかったり、国際電話も使えない地域や土地が多いし、治安が悪くて危険なところもある。トラブルはしょっちゅうだったようです。帰国後の編集も徹夜徹夜が続いて、番組が始まった当初は、日本テレビのスタジオを独占してました。僕のナレーションも日曜日にオンエアなのに土曜日に録音というギリギリのスケジュール。それがだんだん土曜日の夜中に音入れするようになって、やっとこさっとこ出来上がって、確認の試写の三〇分、こっくりこっくりですよ（笑）。よく間に合っていたなと」

『すばらしい世界旅行』の面白さは、例えば「ミイラを作る村」（1968年放送）という回でも、ただミイラを作る様子を撮るだけでなく、なぜ死者をミイラにするのかと興味を持ち、追究していくディレクターの目線、動きがイキイキと伝わってくることだった。

「牛山さんは、ディレクターたちにしっかり日誌をつけるよう命じてました。これは彼の達見ですね。この日誌によって、そこにいた人間しか得られない話が盛り込める。演出家の一人称を意識したナレーション原稿ができるんです。

僕は番組を観ている人が映像に集中できるように、なるべく感情の抑揚を込めず、思い入れたっぷりの語りにしないように気を付けました。牛山さんの原稿に、僕もここはこういうほうが端的でいいのではと口を出したりはしました。誰の言うことも聞かない人だったけど、どういうわけか僕の言うことは聞いてくれた。『自分が描きたい世界を久米さんのセリフ術で深めてくれ』と全権委任された感じでした」

常に時間に追われ、時に「今すぐナレーション吹き込みを」と車で連れ去られる（？）ようなこともあったが、久米にとっては苦にならないほど楽しい仕事だった。

「とにかく帰国したスタッフの話が面白いんですよ。彼らは帰ってくるとしゃべるしゃべる（笑）。日本のカメラが初めて入る場所も多いし、アフリカでゴリラに遭遇して身構えたら、あっちがびっくりして逃げてったとか、一晩中話すんです。海外では緊張を強いられるし、発散したいんでしょうね。

今思えば、事故を出さなかったのはよかった。もっとも食べ物とか水の事情が悪いところに長くいるから、どうしてもマラリアとかいろいろあったようです。いろんな虫を体内に養って、排出するため入院した大学病院の先生から『これは珍しい虫だから、研究のためこの次も卵を……』と言われたなんて冗談交じりに話すから、僕も噴き出しちゃった（笑）。あの番組のスタッフは猛者《もさ》ばかり。みんなカッコいい人たちでしたよ。撮ってる人間がすばらしいからできたんですよ」

「牛山純一さんを偲ぶ会」にて（1999年）

『すばらしい世界旅行』は、バブル経済の最中、多くの日本人が気軽に海外旅行に出かけるようになった平成二年（１９９０）、二十四年の歴史に幕を下ろす。放送回数は実に一〇一〇回。その映像は、民俗学、宗教学など学術的にも貴重な資料となっている。

久米の「声」は、こうしたナレーションとともに声優としても知られるようになった。もっとも親しまれたのは、ボギーことハンフリー・ボガートの吹替である。

久米が初めてハンフリー・ボガートの吹替を担当したのは、昭和四十一年（１９６６）十月一日、ＮＥＴ（後のテレビ朝日）が土曜日の夜に新たに設けた洋画劇場の第一回『裸足の伯爵夫人』であった。同年、十二月には『渡洋爆撃隊』、翌年には『三つ数えろ』『キー・ラーゴ』『北大西洋』『カサブランカ』と、次々ボギーの出演作が放送され、久米の出番となった。当初、録音は朝十時から夜九時までかかるほど大変だったが、ひとりの俳優の演技に目を凝らし、作品にじっくりとつきあう貴重な機会となった。

「ボギーの声は深みがあり、よく見ると唇を開けないしゃべり方をしている。煙草も親指と人差し指でつまむように持って、苦そうに右唇にくわえる。そういう癖もわかってきます。その癖が、第一次大戦に従軍して右唇に傷跡を抱えて苦労したからだと知ると、このスターの生き方、演技にますます興味がわきました。ボギーに巡り合えたのは、僕の役者人生の大きな宝です」

ボギーの吹替は、昭和四十六年（１９７１）にフジテレビで始まった『ゴールデン洋画劇場』でも担当することになる。その翌年には、ＮＥＴの洋画劇場でボギーが私立探偵サム・スペードを演じて人気を博したハードボイルドの名作『マルタの鷹』も放送。家庭用ビデオはまだまだ普及していなかったが、多彩な映画を茶の間で気軽に楽しめるのは、テレビならでは。多くの視聴者が、久米の声でボギーの映画を堪能した。

　筆者はこのインタビューをするにあたり、久米の出演作を見直したが、ひとつ興味深いドラマに出会った。ＴＢＳ『ザ・ガードマン』（宇津井健・主演）である。警備という仕事を通じて、悪と対峙するガードマンたちの活躍を描き、人気を集めたシリーズだった。久米はゲストとなった第百三話「真赤な裏切り」で、ソフト帽をかぶり、低い声で悪の黒幕を演じていたのである。自分が命じて犯罪を犯した部下（新人時代の中村敦夫）の口を封じるため、拳銃を構える黒幕。この渋い存在感は、まさにボギーでは!?

ラジオドラマの収録風景（1993年）

「いやいや、ボギーのマネをするなんて、とてもそんなことはできないですよ。出演したことすらも記憶はあやふや（笑）。主役の宇津井さんたちはとにかく毎週放送するために忙しいから、現場で話す機会もありませんでした。それでも、僕はずいぶんいろいろなドラマに出ましたが、めったに犯人役はやらないから、自分では楽しんでいたとは思います」

　会社重役、弁護士、校長先生、久米は多くのドラマでこうした役を演じてきた。『水戸黄門』『子連れ狼』『太陽にほえろ！』など人気ドラマに出演すると、周囲からは注目される。特に『ありがとう』第三シリーズでは、父を亡くし、老舗魚屋を継いだ主人公（水前寺清子）の母（山岡久乃）を見染めて再婚する相手役。高視聴率のホームドラマだけに、久米の顔と名前は、おとなだけでなくこどもたちにも親しまれることになった。六〇年ごろテレビがきた久米家で、父のドラマをしばしば見ていた娘のナナ子さんは、思春期のころ、有名人である父と歩くのを恥ずかしがったという。

「生放送のころは、局もドラマの宣伝など、ほとんどしませんでした。僕と荒木道子さんが出演した『結婚不案内』は日本初の九〇分ドラマで大作だったのに、局の他部の人が見学に来た記憶もないし、もうちょっと宣伝してほしかった（笑）。民放が増え、カラー放送が始まると、テレビの影響力は絶大になった。いろんな人から『あれ観たよ』と声をかけられるようになりました」

舞台公演に力を入れながら、映画・ドラマにも出演する久米の俳優生活も、平成に入ると少しずつ変化していった。久米が所属した「劇団欅《けやき》」「劇団昴《すばる》」を設立した翻訳家・劇作家・演出家の福田恆存《つねあり》が平成六年（１９９４）に世を去った。「劇団昴」の活動拠点「三百人劇場」も平成十八年（２００６）年末に閉鎖。その三年後、久米の退団届は正式に受理された。

そんな中、八十四歳の久米にユニークなドラマの主演が決まる。平成二十一年（２００９）のＮＨＫ『お買い物〜老夫婦の東京珍道中』である。

福島で暮らす老夫婦が、カメラ展示会の案内が届いたことをきっかけに東京へ出かけることを決意。孫娘リカの家を訪ねるなどしながら、さまざまな出来事に遭遇するというストーリー。妻役は渡辺美佐子、脚本は近年、小説家として芥川賞候補にもなっている前田司郎、演出は新進気鋭の中島由貴。意見が合わなくても、ペースが違っても、どこかで許しあう夫婦のユーモラスなやりとりは、日本の家族ドラマの原点を見たような味わいである。久米はこの作品で第四十六回ギャラクシー賞優秀賞、第三十五回放送文化基金賞、演技賞を受賞した。

「思えば、僕はドラマ、吹替、ナレーションとテレビに長く関わってきました。でも、自力本願というよりは、時代の流れに乗って、依頼された仕事をスケジュール調整しながら続けてきたという感じですね。テレビというのは怖いもの知らずでありとあらゆることを映し出してきた。テレビドラマの撮り方、カメラそのものも変わりました。最初は戦車がきたかと思うくらい大きかったカメラがだんだん小さくなって、今は『それがカメラ？』と思うような機材で一本撮りあげちゃう。『お買い物』は、鬼怒川温泉や渋谷駅などオールロケでしたから、カメラの動きを見ながら、感心していました。

『鶴瓶の家族に乾杯』は、鶴瓶さんは現場、語りの私はスタジオだから、顔を合わせることはないですけど、二十年以上続いたのも久米さんのおかげとか言われると、ありがたいし、うれしいですね。まだまだテレビは変化していくのでしょうけど、僕にとってはテレビは楽しいものです。九十を超えてまだこうして、お話ができるのは幸せだと、しみじみ感じているところですよ」

久米明さんは、２０２０年4月23日、逝去されました。ユーモアたっぷりの語りに魅了され、長いインタビューをさせていただいたこと、心より感謝いたします。

小林信彦

作家

テレビについては、アマチュアという立場でいたかった

小林信彦／こばやし・のぶひこ
一九三二年東京生まれ。雑誌「ヒッチコックマガジン」編集長を辞めた後、創作を行うかたわら『九ちゃん！』『植木等ショー』などテレビバラエティの構成作家を務める。七三年『日本の喜劇人』で芸術選奨新人賞、二〇〇六年『うらなり』などで菊池寛賞を受賞。他の著書に『唐獅子株式会社』『ちはやふる奥の細道』『夢の砦』『おかしな男　渥美清』などがある。

昭和七年（１９３２）、東京・東日本橋に老舗和菓子屋の長男として生まれた作家・評論家の小林信彦は、早稲田大学卒業後、サラリーマン生活を経て「ヒッチコックマガジン」編集長となり、ラジオ、テレビに出演する傍ら、バラエティ番組の構成作家として、六〇年代を駆け抜けた。

黎明期には「高嶺の花」として語られるテレビだが、昭和三十二年（１９５７）には、小林の自宅に受像機があったという。

「テレビがうちにあったのは、当時横浜に住んでいて、アメリカ兵が国に帰るのにこんな重たいものいらないからって置いていったのを譲り受けたんですよ。そのころの受像機は一台が大卒の初任給の何倍もしたし、くれるって言われればもらいますよ。まあ、家にあっても、中古品で映りが悪いから目が疲れた（笑）。

テレビジョンが日本に来る前から、なんかそういうものがアメリカにあるというのは知っていました。日本のテレビ局が放送を始めたのは昭和二十八年（１９５３）で、本当は免許をとったのは日本テレビが最初だったのに、ＮＨＫがそれじゃ困るということで放送を先駆けしたんだと思います。ＮＨＫは二月、日テレは八月、ＫＲテレビ（ＴＢＳ）はもっと後の開局でした。

たいていの家はテレビがないから、勤め人は夕方、新橋の駅前にあった街頭テレビでプロレスや野球なんかを見ていました。高いところに設置してあって見上げるんです。商店街には電気屋のガラスの向こうにでかいテレビがひとつ置いてあって、立ち止まって見る。といっても、局はＮＨＫと日本テレビとＫＲテレビの三局しかないから番組の数が少ない。僕はプロレスにも野球にも興味がなくて、見たい番組はあまりなかったですが、落語は楽しみでした」

歌舞伎や寄席が好きだった父の影響もあって、こどものころから大の落語好きの小林は、後年、『名人─志ん生、そして志ん朝』といった落語についての著書を発表する。

落語や漫才などの演芸とテレビの関係は深く、ＮＨＫは本放送開始年にラジオで人気だった番組を『テレビ寄席』としてスタート。ラジオと同時放送している。

「昼間から（古今亭）志ん生さんもテレビに出てた。志ん生さんはラジオ東京（ＴＢＳ）が専属にしたんですけど、一年でぱーっと辞めてニッポン放送に行っちゃった。これは志ん生さんのマネージャーをやってた娘さんも著作に書いているけど、志ん生さんは時間内に短くまとめるってことができないんですよ。そもそも制限が多い中ではやりたくない。それでもラジオやテレビをやろうとなったから、娘さんが長さを調節するようになった。ニッポン放送にある志ん生さんの音声は、娘さんがみんな縮めてたと、生前、彼女に聞いたことがあります。娘さんはそのためにニッポン放送の社員になったんです」

テレビ創成期は、娯楽番組の制作も手探りだった。その中で、庶民に親しまれていた落語や軽演劇などは制作費が安く、コンテンツとして受け入れられやすかったのである。昭和三〇年代には、毎日放送『素人名人会』、ＮＥＴ（テレビ朝日）『大正テレビ寄席』、フジテレビ『お笑いタッグマッチ』など演芸番組も急増。寄席番組などに出演するだけでなく、ＮＨＫ開局直後に始まったクイズ番組『ジェスチャー』に出演して人気を得た柳家金語楼をはじめ、『お笑い三人組』の一竜斎貞鳳、三遊亭小金馬（後の金馬）、江戸家猫八（先代）など、テレビタレントの元祖になった人材も増えていた。

オリジナルドラマの製作も始まったが、生放送で有名スターの出演もなく、人気はいまひとつ。一方でアメリカのドラマが多く放送された。小林が自宅のテレビで初めて見たアメリカのドラマは、日本テレビで放送された『陽気なコーリス』だった。明るい女子高生コーリスとその両親、ボーイフレンドらが中心となった青春コメディである。その後、ＮＨＫでルシール・ボール主演のコメディ『アイ・ラブ・ルーシー』の放送が始まった。こうしたドラマに出てくる大型冷蔵庫やデラックスな外車を見た日本人は、アメリカの生活の豊かさに驚いたと言われるが、米軍家族にハウスを貸す会社に勤めていた小林には、それほど驚く要素はなかったという。

小林が強く魅かれたのは、昭和三十二年に日本テレビで放送が始まった『ヒッチコック劇場』であった。アルフレッド・ヒッチコック監督自らが解説者となって綴られる、三十分の一話完結のミステリーシリーズ。日本ではヒッチコックの吹替を個性派俳優の熊倉一雄が担当した。

「ヒッチコック劇場は第一回から見てました。これは面白かった。日本のテレビドラマは、フランキー堺の『私は貝になりたい』とか、少しずついいものも出てきたものの、やはり見ごたえがない。同時期に映画では黒澤明の『蜘蛛巣城《くものすじょう》』、木下恵介の『喜びも悲しみも幾歳月』、石原裕次郎の『鷲と鷹』などが公開されていたことを思うと、おとなは映画を観ていた。テレビのドラマは……という感じでしたから」

昭和三十四年（1959）、前年に勤めていた米軍用ハウス貸し出し会社がつぶれて失業状態だった小林は、宝石社で編集者として仕事を始めることになった。宝石社は探偵小説誌「宝石」を出版している会社で、当時の実質的な編集長兼金主は、江戸川乱歩であった。その宝石社が権利を獲得し、「ヒッチコックマガジン」を創刊することになったのである。雑誌創刊という責任の重さから「助手でいいです」と言う小林に、六十五歳の乱歩は「（失業者なんだから）ぜいたくを言うな」とにやにやしていたという。その結果、小林は編集長となり、六月の創刊にむけて多忙を極める。そして、この雑誌に関わったことが、小林とテレビの現場とを結びつけることになった。

「一九五七年に五十万だったテレビの受信契約が、五八年には百万、五九年四月には二百万になった。ミッチー・ブーム、皇太子結婚パレードがテレビの普及に拍車をかけたのは間違いない。週刊誌には、こりゃ見とかないと損だなと読者に思わせるようなテレビ番組の紹介記事が増えてきました。僕は『ヒッチコックマガジン』をやってるうちに、テレビのことも載っけないとまずいんじゃないかと思うようになりました」

小林の手元には、昭和三十四年に発売された「週刊朝日」のテレビ特集の増刊号がある。

「東芝もビクターも自社のテレビの広告を出してますね。どの機種にも足がついてる。ビクターの14型が六万七千円とまだまだ高価ですが、特集号が出るほど、テレビへの関心は高かった。雑誌を作っている立場で、僕もそれはよくわかっていました」

テレビ視聴が庶民の日常になりつつあったこの時期、小林はテレビ初出演を果たしている。KRテレビで昼の時間帯に放送されていた『映画の窓』である。司会は映画評論家・荻昌弘。荻の末弟と小林が中学以来の親友という縁もあり、「ヒッチコックマガジン」には創刊号より荻に連載を頼んでいた。番組はカラーの生放送で、「クロマキー」という画面合成を使うため、ライトが強く、「暑かった」というのが、テレビ初出演の感想であった。

「当時はどのテレビ局も社屋は小さいし、社員も少なかった。フジテレビのクイズ番組で編集者を何人か集めて犯人当てをやるというので、僕も新宿区河田町の局に行きました。はじめのころは四谷から牛込《うしごめ》の間は谷間で、ずっと谷の上を渡す曙橋《あけぼのばし》がかかってなくて、行き来するには一度谷間の底に降りて大回りしなくちゃいけない。たぶん、戦争の影響でわざとかけなかったんだと思いますけど、フジテレビが開局する少し前に橋ができるまではすごく不便な土地でした。局に歩いて向かう僕に、渡辺プロの社長夫人の美佐さんが、車から手を振ってたことを覚えています」

ラジオの取材にも自ら出かけた。後に小林も出演したニッポン放送の深夜番組『ペトリ・ミュージック・スナップ』で、無名だった構成作家の前田武彦、永六輔と出会っている。

東京芝に生まれた前田は、戦時中予科練に在籍、戦後は鎌倉アカデミア演劇科一期生となり、立教大学中退後、開局間もないNHKで『子供の時間』などの構成を担当した。六〇年代以降は、主にタレントとして活躍することになる。

こうした中で小林が注目したのが日本テレビのバラエティ番組であった。

特に評判が高かったのは『光子の窓』である。放送は日曜午後六時三〇分からの三十分間。製作は日本テレビと東宝テレビ部。資生堂の一社提供の番組であった。出演者は女優の草笛光子、進行役はジャズ演奏家の小島正雄。俳優の三國一朗、西村晃、コメディアンのトニー谷、徳川夢声や一流のモデルたちも出演した。

「バラエティといっても、当時は芸人や視聴者がゲームをしたりするものがほとんどでしたが、『光子の窓』、これはちゃんとしたもので、音楽とかコントとかをしっかり構成した最初の番組でした。メインは歌も踊りもできる草笛光子で、コメディアンがひとり入っているバランスもいい。僕は地味だと思ったけど、結果的には洒落た番組になった。それほどのヒットとは思わないものの、バラエティの原点であることは確かです。これは日本テレビのプロデューサーの井原（高忠《たかただ》）さんのセンスです」

井原高忠は、昭和二十九年（１９５４）、日本テレビのアルバイトを経て、新卒第一期生として入社。多くの名番組を手がけたプロデューサーとして、今も伝説的に語られる人物である。

「井原家は三井家の系統で、慶應在学中にはウエスタンのバンドマンとしていろんなところに出てました。当時はジャズブームで、音楽やってる連中は、銀座あたりにたむろしてると車が来て米軍の基地まで乗っけてってくれる。日比谷公会堂とか、どこで演奏したっていうのが格になる時代でした。戦後、フレッド・アステアのタップ映画やアボット&コステロの喜劇を見て、コメディやレビューを仕事にしたいと思っていた井原さんは、割と早い時期からバンドは学生時代で辞める気で、日テレなら就職できる、テレビなら何かできそうだということで就職したようです。

昭和二十八年（１９５３）の夏、日本テレビ開局の日、彼は大阪で引退公演をやってた。高忠って名前はアメリカ人には言いにくいから、テディー井原と呼ばれていました。仕事してるとよく日本人のファンからも『テディーの旦那』って宛名の書かれたファンレターがきてました」

井原は、昭和三十四年（１９５９）、スペシャル番組のスタッフとして渡米。ロサンゼルスでは、広い土地を活かしたハリウッド的な番組作りに、ニューヨークでは『エド・サリバン・ショー』や『ペリー・コモ・ショー』といったスタジオ形式の番組作りに接し、日本との違いに衝撃を受けて帰国した。

「彼の番組は、ほかの人とは全然感覚が違いました。アメリカへ行って、向こうで人気のある番組を作るところを見てきたから、徹底的にそれを取り入れていたんです」

日本との一番の違いは、日本ではスタッフが元舞台関係、映画青年、音楽出身と経験がバラバラで、全員テレビについては素人であり、テレビ演出のスタンダードを共有していないということだった。井原は、セット、照明、人の位置まで、それまで日本ではあまり考えられていなかったことをすべて変えた。

井原の意向を受けて、現場でディレクターとして動いたのは、バンドの後輩で日テレに入った秋元近史《ちかし》である。

「秋元さんは、お父さんの不死男《ふじお》さんが俳人で、叔母の松代《まつよ》さんが劇作家。すごい名家で、番組を家族が見て何か言うから手が抜けない。大変だったと思いますよ。井原さんはウエスタンの親玉だし、秋元さんにしてもバンドマン。当時の日テレの製作者は、サラリーマン体質じゃなかった。日テレの人たちは、みんな楽器ができたんです。永六輔が台本書いてた関係で、初めて日テレに連れて行ってもらったとき、『ここの人は全部音楽関係者で土曜日の晩なんかにまとまると趣味で演奏してる』と聞いて、なんなんだと思った（笑）」

『光子の窓』に続いて小林が注目したのは、同じく秋元が演出して昭和三十四年十月に始まった金曜夜の『魅惑の宵』である。司会は外国人タレントの草分けといわれるロイ・ジェームス。ひときわ目立つ、双子のシンガー伊藤エミ、ユミは、デビューしたばかりのザ・ピーナッツである。他にも女優の水谷良重《よしえ》（二代目・水谷八重子）、ロカビリーの山下敬二郎、歌手の江利チエミ、長嶋茂雄も出演している。

「渡辺プロの美佐さんに頼まれて、伊藤シスターズの名前をザ・ピーナッツとつけたのは井原さんでした。とんねるずの名付け親でもある。井原さんは、そういうセンスもある人でした。『魅惑の宵』は、秋元さんが演出で台本は前田武彦が書いていましたが、前田は番組に出たい人だった。この番組の前田武彦は奇抜な恰好をしたりして、面白かったですよ。パリからきたモデルがずらりと並んでいると、二宮金次郎の恰好で『これが本当の生き方だ』と主張したりする。構成作家では青島幸男がテレビに出たい人だったけど、その前は前田武彦の存在感が圧倒的でしたね」

小林は、この年、多くの人と出会っている。売れっ子ＣＭ・放送作家の阿木由起夫《あきゆきお》の運転手に「シチフクマガリンさん、シチフクマガリンさん！」と大声で呼ばれ、それが「ヒッチコックマガジン」と教えられたのを間違えたのだとわかり、驚いたこともあった。運転手付きの車で現れた黒眼鏡の男・阿木とは、野坂昭如である。

六〇年安保闘争の激動を経て、昭和三十六年（１９６１）、テレビバラエティには、新しい風が吹く。ひとつは春にスタートしたＮＨＫの『夢であいましょう』である。

小林は『夢で～』の台本を書いていた永六輔から出演を頼まれる。それはなんと〈パイを投げられる〉役であった。それも一度目は黒柳徹子、二度目は永にぶつけられるのである。ＮＨＫの現場スタッフもあきれるほど、すさまじい生番組であった。

『夢であいましょう』に出演、渥美清と（1961年）

「永六輔は、水原弘の『黒い花びら』の作詞で第一回レコード大賞をとって、放送作家でそういう人がいると知られるようになった。もともとは浅草のお寺の息子です。彼はこの番組で『こんにちは赤ちゃん』とか、いろいろ歌を作って当てた。『上を向いて歩こう』はこの収録で初めて聞きました。いい曲だと思った。これは中村八大さんのピアノのイントロがよかったんです。僕は早稲田の英文科で学内の壁に『中村八大くん月謝を早く払うように』と張り紙がしてあったのを思い出した。八大さんは、日劇に出てたんだから、学校に来られないのは当たり前ですよ（笑）。『夢であいましょう』は、ギャグではなく、中村八大、永六輔の歌の番組でした」

実は永六輔は、六〇年安保闘争時にデモに参加。『光子の窓』の台本を落としたうえに、安保と番組とどっちが大事かと問われ、「安保です」と応えて、日テレの井原チームからはずされた経緯があった。

その井原組が、『光子の窓』に替わって、昭和三十六年に日曜夕刻にスタートさせたのが、数々の名場面を生んだ『シャボン玉ホリデー』であった。

放送は日曜日夜六時三〇分。『シャボン玉』のタイトルは牛乳石鹼の一社提供だったことに由来する。当時、売り出し中のザ・ピーナッツと、人気急上昇中のハナ肇とクレイジーキャッツを中心に、歌とコントで構成される三十分。洗練された音楽と勢いのあるコントが次々繰り出され、植木等の「お呼びでない」など、名物ギャグも誕生した。

「『シャボン玉』のディレクターは井原さんの番頭格の秋元近史さん、第一回の構成は前田武彦。家のテレビが白黒だったから、モノクロ番組のように思っていたけど、最初からカラー放送だったんですよ（笑）」

番組は約十年続いたので、番組スタートの翌年に生まれた筆者も、『シャボン玉』を家族で楽しんだ世代だが、こども心にもこの番組は面白かった。強烈に記憶に残っているのは、貧しい身なりで病の父（ハナ肇）に「おとっつぁん、おかゆができたわよ」と〈おかゆギャグ〉を演じていたザ・ピーナッツが、エンディングになると白いブーツに白いミニスカートで華麗に歌い踊っていたことである。〈おかゆギャグ〉は、不幸な空気に包まれた一家のところに、突然「一本刀土俵入り」の駒形茂兵衛姿など奇抜な姿の植木等が現れ、「お呼びでない？」とやったりした定番ギャグのひとつだが、それよりなにより、こどもは汚すからと絶対に身につけさせてもらえない「白」のまぶしさに圧倒されたのだ。思い返してみると、同時期、日曜夕刻に放送された藤田まことの『てなもんや三度笠』が、公開番組で庶民的な雰囲気だったのとは対照的に、『シャボン玉』は、手の届かない〈夢〉の世界だった。

「僕の手元の資料にある写真では、森進一、布施明、沢田研二が三人並んでコントやってる。『シャボン玉』ってのはすごいね（笑）。ただ、はじめはスポンサー探しが大変だったらしいです。井原さんも秋元さんもバンドをやってた人だから、洒落た番組になった。でも、第一回のゲストは演歌歌手の春日八郎。最初は、音楽性は違っても、とにかく人気がある人を呼ぼうとしていたんでしょうね」

一九六〇年代、コントをやるバンドはザ・ドリフターズなど他にも出てきたが、音楽のレベルではクレイジーキャッツは別格だった。

「譜面が出てくると谷啓さんが全部やる。あの人は『ガチョーンの人』と思われているけど（笑）、日本のジャズ界では三、四番目くらいの実力を持つトロンボーン奏者です。アボット＆コステロのルー・コステロによく似てるというんで、学生のときに喜劇映画を観てきちゃマネをしてた。その線なんです。洒落た感覚があった。

クレイジーキャッツはアメリカのコメディや音楽をうまく取り入れました。これはフランキー堺がやってうまくいかなかった線です。慶應在学中から進駐軍のキャンプで演奏していたフランキーは、アメリカのままやりすぎたからね。エノケンの後の喜劇人はフランキーだと言われたこともあったし、実際にできる人だったけど、いろいろあって、実現しなかった。植木等の当たり役『無責任男』ももともとはフランキー堺がやる予定だったんですよ」

『シャボン玉』の音楽について、こんな目撃もしたという。

「番組の最後は必ず、ホーギー・カーマイケルの『スター・ダスト』で終わるんですけど、カーマイケルが日本へ来たとき、帝国ホテルでテレビを見て自分の曲をやってたから『なんだこりゃ』と思ったみたいです。わざわざ日本テレビに、なんの挨拶もないしどういうことなんだと言いにきた。ちょうど僕はテレビを見ていたんですけど、青島幸男が怪しい英語で司会やってた時でね（笑）」

幸い騒動にはならず、逆に番組を面白がったカーマイケルは、『シャボン玉』にゲスト出演し、ピーナッツの「スター・ダスト」の演奏をすることになった。

ところで、ここで出てきたのが〈テレビに出たい青島幸男〉である。

「青島幸男は、日本橋区堀留町の弁当屋の息子で、クレイジーキャッツが『シャボン玉』の前に出ていた『おとなの漫画』の構成をしていて、のちに『シャボン玉』の作家にもなった。青島が植木等のキャラクターを活かした『スーダラ節』を作詞して大ヒットした後、『シャボン玉』の視聴率は急上昇しました」

昭和三十四年（1959）にスタートしたフジテレビの『おとなの漫画』は、月曜から土曜の昼十二時五〇分から十分間、その日の新聞記事を素材に時事風刺コントをする生放送番組。とにかく即座に台本を作り、出演者はコントで演じるのだから、大変だった。そのあわただしさのなかで、きっちり生放送を続けたことが、クレイジーキャッツの可能性を広げたのだった。「青島は画面に出ても面白くて、のちに『青島だぁ』と威張るギャグも有名になる。その前は、前田武彦がテレビに出たい放送作家だったから、前田としては気に入らない。そこで前田武彦は、一九六二年の二月に『シャボン玉ホリデー』から降りて、TBSに移って新しい仕事を始めたんです」

TBSでの新番組のひとつが、『シャボン玉ミコちゃん』であった。他局でそのまんまシャボン玉というタイトルって……という気もするが、この番組も牛乳石鹼の提供。ミコちゃんはアイドル歌手・弘田三枝子のことである。小林は中原弓彦のペンネームでこの番組の放送作家として仕事をする。

小林の放送作家デビューには、きっかけがあった。この年の二月、「サンデー毎日」に、小林、前田武彦、永六輔、青島幸男の四人の「俺たちゃ〝職業不定族〟―永六輔らの才能多角経営」という特集記事が掲載されたのである。原稿書きをしながら、テレビ、ラジオに出るなど、多彩な仕事をするマルチタレントの元祖を集めた記事だった。小林によれば、この四人の共通点は「東京生まれ　落語好きの江戸っ子気質　好奇心が強い　面白くない仕事はしない　〈飲む打つ買う〉に縁がない」である。

「僕は記事が出た時点では、明日つぶれても仕方ないような小さい会社に勤めながら、生活のために雑文やコラムを書いて、頼まれればテレビやラジオに出ていた。他の三人はテレビ作家だから僕だけ違っていたんですが、その記事が出てから、僕を放送作家だと思って仕事を依頼してくるテレビ局の人が増えたんです。そのひとつがTBSで、僕はそこで初めてテレビ用の原稿用紙を見た」

番組構成用の原稿用紙は、上の段に人の動きを、下のマス目にセリフ（会話）を入れる特殊なもので、使いにくいと思ったという。だが、初めて書いた作品がまずまずの評価を受け、『シャボン玉ミコちゃん』へと続いていく。

「放送作家といっても会社に勤めてるからまずいなと、一応思ったんだけどね（笑）。『ミコちゃん』は、青春コメディです。弘田三枝子は歌は本当にうまい。大瀧詠一に言わせるとコニー・フランシスの『バケイション』を日本でちゃんと歌えたのは、弘田三枝子。でも、ミコは俳優としてはちょっと……という感じでした。だから僕は彼女の学友役の園《その》まりの話を書くことにした。彼女のボーイフレンド役がなかなか決まらなくて、わけがわからない俳優が出ると困ると思っていたら、『そうじゃない。慶應に通ってるのが出るから』と言われて、現れたのが石坂浩二だった」

やがて昭和三十九年（１９６４）十月、日本は「東京オリンピック」の熱狂に包まれる。『夢であいましょう』で小林と仕事をした渥美清が、テレビはオリンピック一色になると予言した通り、番組は朝から晩までオリンピックばかり。文筆業に専念することにした小林は、狂気じみた東京を離れ、大阪に〈オリンピック疎開〉した。〈東洋の魔女〉と閉会式を見るため、四谷の自宅に戻り、閉会式後に打ち上げられた神宮外苑の花火の音を聞いた。

「オリンピック景気」の冷え込みから高度成長期の「いざなぎ景気」へと回復していく直前だった昭和四十年（１９６５）九月、小林は井原から電話を受ける。坂本九の新番組に参加してほしいという依頼だった。坂本九は、六一年『夢であいましょう』のマンスリーソング「上を向いて歩こう」を大ヒットさせるなど人気があった。

「活字の仕事に専念していたし、テレビについては、アマチュアという立場でいたかったから、ためらいましたけどね」

井原の仕事は、間違いなく「プロ」としての仕事である。それでも引き受けたのは、井原が「来年の春までです。あたしゃ、だらだらやるのは好きじゃない」と半年間の番組だと言ったからだった。タイトルは『九ちゃん！』。常に画期的な番組を考えていた井原らしく、今回も三十分のバラエティ・ショウを公開番組にする、口パクをやめる、複数作家の合作で台本を作るという新たな試みに挑戦することになった。

「作家は千鳥ヶ淵のフェヤーモントホテルで正午に集合して、みんなで昼飯を食べながら打ち合わせ。はじめは僕と、日活で映画に関わっていた山崎忠昭が主な構成を担当していましたが、それでは心もとないと、井上ひさしにも入ってもらった。会議には芸人のマネージャーも来て、話が面白いから帰らないんですけど、それを追い返して、だいたいまとまるのが五時か六時。あとは一部屋《ひと》に缶詰めで台本を作る。だいたい分担を決めて、コントはこちらが、坂本九が話すところはあなたが、という感じでした」

井原が提示した〈構成表〉には、歌、踊り、コントなどがすべて秒単位で示されていた。エンディングの坂本九の挨拶は二十秒。第一回には、三波伸介、伊東四朗、戸塚睦夫のてんぷくトリオと、特別ゲストで伴淳三郎《ばんじゅんざぶろう》が出た。

「僕らが書いてる横で、井原さんは半分寝ちゃってる。寝た方がうるさくないからいい（笑）。井原さんは酒が飲めなくて、僕も酒はなくても大丈夫でした。井原さんは同時に『11PM』を始めたから、とにかく忙しい。僕らに『そっちどうなってる？』という話になって、終わってないと『しょうがないな』と、夜中近くに六本木のはずれに焼き肉を食べに行く。

山崎忠昭と僕は三十歳前後、新進の河野洋が二十六歳。若いし、体が丈夫だから、ものすごい勢いでギャグを考えた。河野洋みたいな人が入ってくると、だいたい三〜四時間くらいで終わる。早く帰れるんです。井原さんは多忙で『九ちゃん！』の台本を直して演出やるのは無理。齋藤太朗《たかお》という日テレのディレクターがとてもおかしくて、齋藤・河野が組んで無敵になっていきました」

河野洋は、青島幸男の一番弟子で弟分的存在だった。『シャボン玉』でコントを書き始めて、途中参加。齋藤は、河野のギャグの面白さを絶賛し、コンビのように仕事を続けた。

一方、小林が半年で終わると信じていた『九ちゃん！』は続編番組『味の素K．K．ミュージックレストラン　九ちゃん！』『イチ・ニのキュー！』とあわせて結局三年半続いたが、突然終了。坂本九は紅白歌合戦の白組司会を六八年、六九年と務めたものの、人気は下火になっていった。

そんな折、またまた日本テレビでは驚くべき番組の企画が始まる。『巨泉×前武ゲバゲバ90分！』である。

「これは、アメリカでダン・ローワンとディック・マーティンというコンビ芸人がやって爆発的にヒットしていた『ローワンとマーティンのラーフ・イン』という番組がもとになっていました。大橋巨泉と前武でいくっていうのは決まってた。井原さんが結婚したとき、前武と巨泉がかけ合いで祝辞を述べたら、いちおう面白くて、これでいいだろうと。井原さんは自分の結婚式で試したんだね（笑）」

大橋巨泉は、早稲田在学中からジャズ評論をし、先輩が多い音楽番組を手伝ったことから放送作家になった男だった。井原は『11PM』をスタートさせるにあたり、「テレビは売り場面積に関しては八百屋や魚屋にも劣る。彼らは客が来れば売り場面積をどんどん増やせるが、テレビは目一杯売っても一日二十四時間しかない」と語り、商売になっていなかった深夜帯の開拓をしたいと巨泉を口説いた。巨泉は、当初まじめな報道系で視聴率が振るわなかった『11PM』に、競馬などおとなの遊び情報を取り入れ、自ら名物司会者、タレントとして活動の幅を広げていった。

『ゲバゲバ』はオープニングに司会者ふたりのトークがあり、あとは♪ゲバゲバ、ピーという番組のキャラクターの言葉をはさみながら、短いコントをひたすら続けるという前代未聞のギャグ番組。「ゲバゲバ」というタイトルをつけたのは、小林だった。

大橋巨泉（左）と前田武彦（右）。
巨泉の古希のパーティーにて（2004年）

「ゲバゲバっておかしいでしょ。番組の内容が内容なんだから、なんでもいいじゃないですか（笑）。ちょうどゲバって言葉が流行ってたから、『ゲバゲバ大行進』て言ったら、代理店が〈大行進〉は下品なんで〈90分〉にしましたって。結構結構って乾杯してネ（笑）。

　作るのは大変ですよ。毎週、コント百本考えるなんて、僕はできない。河野洋が会社作って全部引き受けましたよ。僕はタイトルだけつけて手を引いた。テレビの世界からも離れることにしました」

　この番組が画期的だったのは、出演者でお笑い系はコント55号のみ。あとは小松方正、宍戸錠、藤村俊二、岡崎友紀、松岡きっこら、俳優やアイドルがまじめな顔でコントをやったことだった。

　筆者は大橋巨泉に『ゲバゲバ』について取材したことがある。井原はコントに関してはアドリブは一切許さず、台本はものすごい厚さだった。唯一、アドリブが許されたのは、巨泉と前武、それにコント55号。ただし、巨泉もお婆さん、床屋、流しなどの役でコントをやる際はアドリブは禁止、台本七ページ分を頭に入れたこともあったという。番組は評判を呼び、ハナ肇の「アッと驚くタメゴロー」とともに、今も多くの人々の記憶に残っている。

「六〇年代前半の日テレは面白すぎる。井原さんにとっては『面白いのは当たり前だ』でした。でも、七〇年代になると、クレイジーキャッツやザ・ピーナッツ、沢田研二らを擁した渡辺プロの力が強くなり、井原さんと対立し、全面戦争とまで言われた。渡辺プロと組んだ秋元さんも井原さんとたもとを分かつことになりました」

　昭和五十五年（１９８０）、井原は日テレを退社し、ハワイに移る。すでに「テレビの外の人」に戻っていた小林は、井原の〈フェアウェル・パーティー〉で、ひとつの時代の終わりを見たのであった。

「十分なお金をかけて、思い切ったことをする。ゲバゲバのようなものは二度と作れない。贅沢だが、無駄なことをやってない。そこが六〇年代の日テレバラエティのすごさでした」

小田桐昭

クリエーティブ・ディレクター

日本のＣＭは「面白い」が一番

小田桐昭／おだぎり・あきら
一九三八年北海道生まれ。金沢美術工芸大学卒業後、電通に入社。国鉄『ディスカバージャパン』『フルムーン』キャンペーンをはじめ、松下電器（現Panasonic）、東京海上、資生堂、サントリーなどを担当し、おもにテレビCMの企画制作に携わる。カンヌ広告祭金賞、ＣＬＩＯ賞、ＡＣＣグランプリ、杉山賞、山名賞、ＡＣＣクリエイターズ殿堂など国内外で三〇〇以上の賞を受けている。

日本のテレビコマーシャル制作者の草分けであり、数々のヒット作、名作を手がけたことから「広告界の長嶋茂雄」とも称される小田桐昭。昭和十三年（１９３８）、北海道で生まれた小田桐のキャリアの始まりは、昭和三十六年（１９６１）、金沢美術工芸大学を卒業後、電通に入社したことであった。

「テレビは昭和三十四年（１９５９）のご成婚パレードくらいから一般家庭に普及したと言われますが、僕がテレビに親しむようになったのは、就職してからでした。仕事もテレビにいくつもりは全然なくて、グラフィックデザインをやりたかった。でも、ちょうどカラーテレビが試験で始まって、『光子の窓』『あなたとよしえ』など人気番組もカラー放送になっていたから、美術系の者もテレビに入れなきゃってことだったと思います。僕はラジオテレビ企画制作局、通称〝ラテ企〟に配属されました」

明治三十四年（１９０１）創業の電通は、小田桐の入社当時、「広告の鬼」といわれた四代目社長・吉田秀雄が事業拡大を強力に推し進めていた時期だった。『光子の窓』は女優の草笛光子が、『あなたとよしえ』は、歌手としても活躍していた水谷良重（二代目・水谷八重子）が司会を務めた、日本テレビのバラエティショーである。ともに資生堂の一社提供番組であった。資生堂は、もっとも早い時期からテレビコマーシャルに力を入れた企業のひとつで、そのセンス、技術力は多大な影響力を持っていた。

「テレビコマーシャルといえば、番組の中でタレントが商品を宣伝する生コマーシャルが中心でした。テレビコマーシャルのアートディレクター、プランナーなど、そういう職業も確立してなかった時期です。電通に入ると言ったら、下宿のおばちゃんに『電柱に上る仕事?』なんて言われたくらい(笑)」

新人の小田桐が最初に配属された〝テレビデザイン課〟での仕事は、テレビ画面にひんぱんに出てくる「フリップ」や「テロップ」の制作だった。

「そのころは写植が普及していなかったので、フリップやテロップは全部、筆で書いていました。タレントさんが持つフリップカードとか、スーパーインポーズで画面に入る文字はちっちゃいのをカードに書く。グラフィックをやるつもりでしたから、僕としてはそんなことするために来たわけじゃない。仕事を同じ課の先輩女性に頼んで、遊んでばかりいた。友人とグラフィックのコンペの相談をしたり、毎日映画見てましたね。

生コマーシャルはちょっとだけ手伝いました。専属タレントが、カメラに向かってナレーションをするんですが、カット割りが多いのは大変です。カメラ台数は少ないから、太いケーブルをかいくぐりながら、場面を変えなきゃいけない。あわてて機械の中に手を突っ込んでとれなくなったとか、血管が古びると体に悪いですよ、と模型のホースを持ったらポキンと折れちゃったとか、ごまかしがきかないアクシデントはたくさんありました。それに生放送なので、時間がなくなるとどんどんコマーシャルが短くなる。副調整室にいる局のディレクターから、『コマーシャル屋! もたもたすんな!』なんてガンガン言われ、そのうちやっつけてやると、新入社員のくせに思ってましたね(笑)。それに比べて、グラフィックの世界は〝デザイン時代〟〝デザインの勃興期〟になっていた。そっちはキラキラしていました。大学ではグラフィックデザインを勉強したのに、なんで僕はテレビなんだろう。こんなところにいるもんか、一年いて辞めようと真剣に考えていました」

三年後に東京五輪を控えていたこの時期。グラフィックの世界には、亀倉雄策《かめくらゆうさく》によるオリンピックのシンボルマークやポスターの発表、五輪デザイン専門委員会の中心人物である勝見勝《かつみまさる》による「グラフィックデザイン」創刊など、輝かしいニュースがあふれていた。

しかし、東京オリンピック開催は、国民のテレビへの関心を急速に高めた。注目を集めた女子バレーボールの決勝戦。東洋の魔女と呼ばれた日本チームがソ連と戦い、見事に金メダルを獲得した試合の視聴率は、実に六六・八パーセントを記録している。小田桐も「テレビ時代があんなに早くくるとは思っていなかった」という。とはいえ、電通のラジオテレビ企画制作局は、コマーシャルの最前線とはとてもいえない、特殊で不思議な環境であった。そして、その不思議な環境が、日本のテレビコマーシャルを、世界のどこにもない独自なものへと発展させていくことになる。

「当時のテレビ番組はステーション（局）が制作するんですが、手が足りなくて、どうしてもコンテンツ不足になる。〝ラテ企〟は、クライアントの宣伝部といっしょに番組そのものを制作したり、企画する部署だったんです。それで、本当は映画監督とかシナリオライターになりたいと思っていた人が、うわーっと集まってきた。映画が斜陽で、映画会社が人を採らなくなっていましたから。他にも作曲家になれなかった人、舞台の美術、バレリーナもいました。僕らは『お師匠さん』と呼んでたけど、落語の専門家もいた。趣味が高じた変な人たちがたくさんいた」

仕事の仕方も普通のサラリーマンとは違った。電通の本館は銀座だったが、〝ラテ企〟は西銀座の高架下、今のコリドー街にあり、誰がいつ出社するかわからないような状況だった。

「パジャマで来て、出勤のはんこ押してまた帰る。そんな人がたくさんいた。部署には百人くらいいましたが、一癖も二癖もある、まさにテレビの荒野に幌馬車《ほろばしゃ》で来た流れ者みたいな感じです。それも当初、僕は嫌いで（笑）。

みんな広告を知らないし、コマーシャルなんか嫌なんですよ。ミュージカルとか芝居を書きたいわけだから。僕は入ったばかりですけど、学生時代に広告を勉強していたんで、心の中ではちょっと威張ってた。でも、自分の専門はすごいけど、専門外はわかんない人ばかりで、ある種の民主主義というのかな、自分の理解できない才能を持っていることを認め合う文化はありました。それはすごくよかったです。〝ラテ企〟の人たちは、テレビコマーシャルって何だろうと広告の勉強をし、一方でテレビってなんだろうとテレビの勉強をした。ふたつの勉強をしたことから、日本独自のＣＭプランナーが生まれることになりました」

欧米では、コピーライター、アートディレクターなどが、このコマーシャルによってどれだけの売り上げを見込めるか示したうえで、クライアントを説得し、番組とは切り離されたコマーシャルを制作する。それに対して日本では、スポンサーである企業の宣伝部の担当者と相談しながら、季節や世相、流行を意識した番組全体の内容や生コマーシャルの文案を考える。

「生コマのナレーションを書いていた人は、広告じゃなくて、シナリオを書いていると思っていた。自分をコピーライターだとは思ってない（笑）。我々は、マクルーハン（カナダ出身の英文学者・文明批評家）の『テレビ時代のコミュニケーションはきっとこうなるだろう』と予言している、今で言う『メディア論』みたいな本をみんなで勉強して、テレビを見ると人間はどういう感情を持つのかを意識していました。テレビを見ている人がいかに面白いと思うか、テレビの面白さってなんだと常に考えながらコマーシャルを作るのは、日本独自です。文字による『説得』を疑うことから始まっている。だから、欧米系の制作者は日本のコマーシャルはわけわからんと言います。下品だし、タレントばかり出ているし。アイデアはどこにあるんだ？　と。でも、僕らは『このCMで商品がいくつ売れる』といった数字や文字による説得、論理的なコミュニケーションという欧米系のやり方とは違うものを考えた。日本のCMは『面白い』が一番。おかげで表現の種類がものすごく増えたんです」

「面白いのが一番」というコマーシャルの象徴ともいえるのが、意味不明の言葉を使った作品だろう。植木等が洋傘（商品名アイデアル）をさして「なんである、アイデアル」と言う5秒スポット（昭和三十八年）、万年筆を持った大橋巨泉の「はっぱふみふみ」（昭和四十四年）は、今も語り継がれる。

「大橋巨泉の『はっぱふみふみ』は赤子の言葉みたいで何の意味もないけど、巨泉の『どうだ、わかるか』みたいな威張った態度も含めて、みんなが面白がって食いついた。万年筆を買っちゃうんですよ。人間て不思議（笑）。おかげでボールペンやシャープペンが入ってきて万年筆が売れず、経営危機になっていたパイロット万年筆が復活した。

テレビは家の中にあって、とてもパーソナルな、ファミリーな感じのメディアです。グラフィックはどんどん洗練されて、生臭いものを斬り捨てていく。よく〝生っぽいから嫌だ〟と生活感を感じさせない外国人を使ったりしますが、テレビはむしろ、人間の息遣いみたいなものが似合う。おならをすると喜ぶような俗っぽさ。こどもはおとなの顔色見て、言っちゃいけないって言葉を何度も言うでしょ。人間ならだれでも持っている幼児性みたいなものとテレビは呼応している。本当は欧米の人も同じなんですよね。少し下品でも面白いものは面白い。でも、向こうのアートディレクターやコピーライターたちは、理屈がないから嫌だという。日本はそんなところをすっ飛ばして、茶の間が喜べば何でもあり、何やってもいいと実験をした。僕たちは勝手にテレビの文法を作りあげたんです」

少年がカエルのキャラクター人形に「お前へそ、ねえじゃねえか」というコルゲンコーワのCM（昭和三十九年）など、行儀悪いけど心休まる、安心して笑える、テレビの持つ猥雑さを活かしたコマーシャルは、大いにウケた。その一方で、手軽で身近な映像メディアであるテレビを通じて、新たな世界や知識を得たいという欲求も次第に高まっていく。

「テレビを通して見たことのないものをみんな見たがった、知恵や知識欲を満たすものもテレビから受け取りたいという空気がありました。その結果、海外ロケが増えたり、クラシックのようなインテリジェンスの薫りが高いものも歓迎されました。周りが俗っぽいところに清いものが出てくる。幅がすごくありましたね」

たとえば、昭和六十一年（１９８６）、キャスリーン・バトルが澄んだ歌声を聴かせたニッカウキスキーのCM。大きな反響を呼び、無名だったバトルがクラシックの歌姫として認知されたCMだが、海外の制作者は「何を根拠に彼女の歌とウイスキーが結びつき、売り上げが上がると、スポンサーを納得させたのか」という疑問を持つのである。

「こういうCMは、日本独特。アメリカはじめ、世界にはないけど、でも、いいじゃん。きれいだし、豊かな気持ちになるし。理屈じゃないんですよ」

独自の世界を築き始めた日本のテレビコマーシャルの世界で昭和三十八年（1963）、小田桐は初めて自分の作品を制作している。クライアントはセイコー。昭和二十八年（1953）八月二十八日の正午、開局した日本テレビで日本初のテレビコマーシャルを放送したことで知られる。一般に制作費が一本十万円といわれた六〇年代初頭、セイコーは三十五万円の予算を出した。最上のクライアントといえる。小田桐は、スマートな腕時計「セイコースポーツマチック」のコマーシャルを作った。

「この仕事の前、僕はグラフィックで準朝日広告賞をもらい、電通は辞めようと決めていました。ただ、広告賞の審査をしていたのが電通の宣伝技術局の新井静一郎《せいいちろう》さんで、会社の本丸でグラフィックをやってる偉い人だった。その方が『来年からうちへ来たら』と言ってくれた。その年に〝ラテ企〟に初めてCMだけを企画する専門の部が出来て、僕はそこに異動します。CMプランナーとしての始まりはここからだと思います。移るまでにセイコーをやれと言われて、僕は何にもわかんないまま、自分でコンテを描いた。誰も文句言わないし、『いいね』とか年上の人たちがちやほやしてくれるし、そのうちACC（全日本シーエム放送連盟）賞でグランプリ獲っちゃうし、すごく抜けにくくなった（笑）」

初めて作った作品で、権威ある賞を獲得。それでも小田桐は「憎みながらテレビコマーシャルをやっていた」という。

「自分の作品がオンエアされると、みんな喜ぶって言うけど、僕はすごく醒めていた。こんなことで喜んでたまるかという気持ちがありました。理由のひとつは、テレビCMを作る人の職業的地位がグラフィックの人よりすごく低かったというのがあります。グラフィックだと大きな賞を受けた次の日から、独立して事務所を開ける、スポーツカーも持てるくらいのシンデレラストーリーがある。僕らはステーションでは怒鳴られ、視聴者からはトイレットタイムだと言われ続けていた。CMがカッコいい時代になるまでは、怒ってました。でも、醒めていたのは、冷静になれるという点では、よかったのかもと思います。それに実際にコマーシャルを作るのはすごく楽しいんですよ」

さらに広告制作現場には、現在では意外とも思える事情があった。

「あのころは有名企業宣伝部の人たちは、僕たちの手を借りずにコマーシャルを作っていた。彼らは、いいプロダクションを見つけて、プロダクションを育てながら、広告代理店を介さずに直接、制作を依頼していました。広告代理店のクリエーティブの力をどうしても認めようとしなかった」

「いいプロダクション」のトップが、〝日天〟こと「日本天然色映画株式会社」である。日天は、資生堂、明治製菓などの宣伝部と組んで、斬新かつ鮮烈な映像で優れたコマーシャルを発表し、国内外の広告賞を獲得し続けた。中でも、前田美波里《びばり》のサンオイルや団時朗《だんじろう》の「MG5」などで知られる日天のアートディレクター、杉山登志《とし》の資生堂の作品は、アイデアでも映像美でも群を抜いていた。

「当時、フィルムはテレビだと画像の再生が悪かった。白バックで撮るとコントラストが強くて人間の顔が真っ黒になってしまう。だから、初期のテレビコマーシャルにはグレーでコントラストを調整しやすいアニメが多かったんです。映画界から来たキャメラマンはなかなかテレビ向けのモデル撮影ができなかったんですが、それを完璧にやっていたのが日天だった。資生堂のCMモデルの美しい肌。どうやって撮ったかわからなかった。彼らは間接照明のようなものをグラフィックデザインなどからいろいろ研究していたようです。具体的なことは日天の中でも秘密にされていたらしい。僕らが制作を頼む『電通映画社』は、もともとニュース映像を撮ってた会社です。どうやったら、日天のあんなトーンになるんだろうと、スタッフといつも話していました」

資生堂宣伝部は、杉山に海外のグランプリ作品を見せるなどして鍛えた。当時はコピー術もマーケティングも優秀な宣伝部がスタッフを育て、代理店はその間に入れなかった。

「そこに入るためには、僕たちは日天をどうやって追い落とそうかと考えていました。クリエーティブを広告代理店に戻す。アメリカなんかは当たり前ですが、そうならないとなんのために広告代理店があるのかということになる」

こうした中で、電通が世に送り出したのが、レナウンの「イエイエ」。

力強いビートに乗って、朱里《しゅり》エイコが「イエイエ」と歌う楽曲をバックに、そばかす娘のイラスト、カラフルなニット商品を着たモデルが次々登場する。水玉やストライプ、星、広げた英字新聞や大砲のコラージュから吹き出しで飛び出すロゴなど、六〇年代ポップアートのモチーフを取り入れた斬新なＣＭは、レナウンの宣伝部にいた小林亜星の妹の川村みづえがイラストを担当し、彼女の提案で兄が作曲。当初、「日曜洋画劇場」で約三十回放送されただけだったが、たちまち注目を集めた。

「黎明期には、生放送番組の中でタレントが商品の説明をする生コマーシャルが主流でしたが、カラー化が進み、テレビの時代になった一九六〇年代の終わりは、『ＣＭ元禄』と言われるほど百花繚乱、いろんな表現が出てきた。電通の中でも、なんでもできるようになってきました。それを象徴したのが、『イエイエ』です」

「イエイエ」は、昭和四十二年（１９６７）のＡＣＣのＣＭフェスティバルグランプリ、アメリカンテレビＣＭフェスティバル国際部門の繊維部門最優秀賞を受賞する。

「民放が放送を開始してから約十五年。日本の広告賞は『イエイエ以前』と『イエイエ以後』とに分けられるとも言われます。ＣＭがカッコいいという若者も出てきた。そうなるとさらに新しいアイデア、技術、表現、人材が集まってくる。ＣＭの環境は確実に変化しましたね」

レナウンは、ニットのセーターとスカートで六百四十通りもの組み合わせができるとＣＭで提案し、商品は売り切れが続出。セーターとスカートを別の売り場で扱っていたデパートが、同じ売り場に並べるなど、販促面でもＣＭが大きな変化をもたらした。

だが、小田桐は「イエイエ」にもクールな分析をしている。

「もともとレナウンの宣伝部は、日天（日本天然色映画）とＣＭを作りたかったはず。でも、日天は他の大手クライアントの宣伝部の仕事で手一杯だったので、電通に仕事がきたんです。そこで電通が電通映画社と組んで、テレビＣＭのさまざまな表現を試みた。『イエイエ』で結果を出し、次第にスポンサーは、テレビ時代の到来とともに、僕らエージェンシーのクリエーティブに目をつけるようになりました」

世はまさに高度成長期、いざなぎ景気のただなかである。「アリナミン」の三船敏郎は年間契約ギャラが推定四千万円〜五千万円といわれ、ＣＭ制作費も高額になっていった。また、白いヘルメットをかぶったモデルの小川ローザのスカートがめくれて、「ＯＨ！　モーレツ」と叫ぶ丸善石油のＣＭが話題に。猛烈に働く企業人を「モーレツ社員」と呼ぶようにもなっていた。日本は、アメリカに次ぐ世界第二位の経済大国となり、昭和四十五年（１９７０）、大阪で「人類の進歩と調和」を掲げた「万国博覧会」が華やかに開催された。

その時、小田桐は大型のキャンペーンＣＭを担当する。今も名作として語られる国鉄の「ディスカバージャパン」のシリーズである。

ベルボトムジーンズにロングコート、ヒッピーっぽいいでたちのふたりの若い女性が、気ままな旅に出発する。古びた列車の座席で地図に印をつけ、畑で大根を引っこ抜き、古民家の囲炉裏で地元のおばあちゃんと語り合ったり、温泉につかったり。のんびりした旅を楽しむ。「月の石」展示や電化による便利な生活など、ＳＦ的な未来をアピールした万博とは対照的な、素朴で人間味ある内容だ。

「CMは時代を映します。『ディスカバージャパン』は、ある種のアンチ繁栄。もっと自分の足元を観よう、〝ディスカバーマイセルフ〟がテーマのキャンペーンでした」

「ディスカバージャパン」のCMは、その後、映画監督・市川崑を演出に迎え、「平凡パンチ」の表紙イラストでも知られるイラストレーター大橋歩《あゆむ》が木曽路を散策したり、作詞家のなかにし礼が福井・永平寺を歩くなど、日本の情景を切り取ったシリーズとして、大きな反響を呼ぶ。

驚くのは、この印象的なキャンペーンがプランナーではなく、電通のひとりの営業部長から始まったということである。さらに驚くのは、その部長・藤岡和賀夫《わかお》は、同じ昭和四十五年、もうひとつの鮮烈なキャンペーン、富士ゼロックスの「モーレツからビューティフルへ」も企画していたのだ。

「モーレツから〜」は、ミュージシャンの加藤和彦が「BEAUTIFUL」と書いた紙と可愛らしい花を手に歩行者天国を歩く。ただそれだけの映像だが、そこには公害問題や競争社会など、ひずみを生んだモーレツ時代への痛烈な批判精神が見てとれる。

「日本人がエコノミックアニマルと言われて頑張り続けた時代、万博は日本人の高揚感のピークだったと思います。きっとそこから下がっていくと思ったし、アンチ万博の考えは、僕も含め、多くの人の中にもありました。藤岡さんは、『ビューティフル』も『ディスカバー〜』も自分で書いたんです。営業は、クライアントに一番近いパートナーでもある。特に問題意識が強かった藤岡さんは、クライアントの社長とふたりきりでこういうのやりたいと決めちゃう

（笑）。

『ビューティフル』も『ディスカバー〜』もつながっていますよね。今までの時代の流れに対して、もう一回振り返ってみよう。モーレツに働いてすり減らして、それがなんで美しいのか。時代の価値観を変えちゃうキャンペーン。広告は売るだけでいいのかという問いかけであり、挑戦でもあった。そんなキャンペーンは外国にはないです」

「ディスカバージャパン」の撮影で市川崑監督と（1971年頃）
中央右が市川監督、その左が小田桐

強いメッセージを秘めたキャンペーンCM「ディスカバー〜」は、それまで団体旅行が多かった日本人に、気ままな個人旅行を勧めるものでもあった。そのロケは、大キャンペーンのわりにこぢんまりと行われたという。

「まあ、いい加減です（笑）。なにしろ、モノを売るわけではない。モノよりコトで、旅の価値という抽象的なものをどうやって知らせるかということですから、やり方に法則なんてないわけです。旅行は日常から非日常へ向う楽しさです。ですから、ロケそのものを僕たちの旅行にしたのです。四、五人で出かけて、ロケハンもしない。少人数だとタクシー二台あれば移動できますからね。人手がないから、僕もレフ（反射板）持ったりしました。でも、この人数だと美味しいものがあればすぐ立ち寄れるし、小回りがきく。身軽で本当の旅行みたいに発見があった。それが多くの人に伝わったんです」

ＣＭとともに、国鉄の駅にはスタンプが設置され、個人旅行の楽しみにもなった。また、日立製作所はキャンペーンと連動して、売り出し中のカラーテレビ「キドカラー」の宣伝列車「日立ポンパ号」を、品川から全国主要駅を八カ月かけて走らせた。ポンパ号は、カラフルに塗られたＳＬと客車で、コンパニオンによる案内もあり、〝パビリオン列車〟とも呼ばれた。

「自由にできたのは、当時の国鉄は赤字国鉄と言われてお金がない。安く作れば文句言われないから（笑）。営業は企業広告の電車を走らせるとか、いろいろなクライアントを説得して、『ディスカバージャパン』に参加してもらった。お金の取り入れ方も画期的でした。営業発の企画だからこそできたと思います」

気になるのは、アンチ万博のＣＭを作った電通が、総入場者数六千四百万人余り（当初の目標は三千万人）という驚異的な記録を打ち立てた万博そのものでも、多くの仕事をしてきたことである。

「みんな万博行きましたよね（笑）。ひとつの会社がシンパでもアンチでも仕事をするというのは、ふつういろいろ言われますけど、一業種一社じゃない電通だからやれたことです。日本中のあらゆる人にまつわる問題をコミュニケーションで解決するという意気込み、それがある意味で言うと電通。〝電通のライバルは電通〟と言われる理由です」

万博から約三年後の昭和四十八年（1973）、日本は第一次オイルショックに見舞われる。右肩上がりの高度成長は完全に終わり、やがて消費者物価指数二三パーセントアップの「狂乱物価」により、生活は混乱することになる。この年の年末、テレビCMのトッププランナーのひとり、日天の杉山登志が自ら命を絶った。享年三十七。その遺書には「リッチでないのに　リッチな世界などわかりません　ハッピーでないのに　ハッピーな世界などえがけません」などとあり、スポーツカーを乗り回し、モデルなど多くの女性との交際もあったという華やかな私生活の虚実が取りざたされた。

「僕が『ディスカバー〜』をやっていたころ、杉山登志が社会に向けて作ったのが、モービル石油の『のんびり行こう』でした。彼が死んだ時にマスコミは面白がって〝商業主義に押しつぶされた天才〟なんて書きましたけど、彼にはそんなにCMに裏切られた気持ちはなかったと思う。彼はコマーシャルを作る気力が萎えたのではなく、作りたいものがまだまだあったはずです」

ガス欠になったクラシックカーを、フーテン風の鈴木ヒロミツらが田舎道をゆっくりと押して歩く「のんびり行こう」も、アンチ繁栄とつながって見える。世に衝撃を与えた杉山の死は、日天の衰退につながっていった。

小田桐も多忙を極めたはずだが、決して仕事オンリーにはならなかったという。

「仕事はいっぱいしていたけれど、割と自由に時間を使えたので、昼間から麻雀やったり、時間が空くと映画も観に行く。五時ごろになるとロケに行ってた連中が帰ってくるから、みんなでご飯食べて……。クライアントといい関係だったからストレスがあまりないんです。大阪からクライアントが、そろそろ次の企画の打ち合わせしないとねと言って上京してきても、結局、食事して酒飲んで、発つ前に『じゃあ、よろしく』って帰っちゃう。僕はスタッフにもクライアントにも恵まれてたんですね」

そんな中、次の大仕事が、昭和五十六年（1981）から始まった国鉄の「フルムーン」キャンペーンである。「フルムーン夫婦グリーンパス」は、合計年齢が八十八歳以上の夫婦限定の乗車券で、国鉄各線のグリーン車、普通車指定席などが乗り放題で利用できる。

「一九八〇年代には高齢化社会に入るぞ、高齢者のマーケットがあるぞとみんな目を付けていたけど、どうやってマーケットを開くか模索していた。『フルムーン』は、僕たちが『熟年』と呼んでいた層を狙った最初のキャンペーンだったと思います。成熟というイメージを『フルムーン』と表現したのは、鈴木八朗というアートディレクターです。勝手にスポンサーに持って行って決めてきちゃった（笑）」

小田桐の一つ年上の鈴木は、博報堂から東京芸大で学びなおして、電通に入社した。

「面白いものが大会議でできたことなんてない。特にクリエーティブってすぐに結果はわかんないから、その分クライアントと信頼関係がないと。だから、藤岡さんも鈴木八朗も一対一で話をしてくる。一対一、二対一とかの関係で伝わるかどうか、決められるかどうか。本来広告ってそういうものなんですよ」

「フルムーン」では、高峰三枝子と上原謙のカップルが優雅に旅をする姿が印象に残る。まさか高峰の入浴シーンまで！　と驚きもあった。

「実は最初、普通のリアルな夫婦でCMにしたら失敗したんです。仏頂面しただんなより近所のともだちといっしょのほうが楽しいに決まってますからね。そこで考え直して、夫婦がドキドキしたのは、ハネムーンに決まってる。もう一回ハネムーンの気分を、ドキュメンタリーじゃなくやろうと。高峰さん、上原さんは存在そのものが美しい人、記号のような存在で、見るからにロマンチック。夫婦とも浮気とも見える。それがよかった」

あとふたつ、小田桐の代表作を記したい。ひとつは「東京海上の損害保険」（昭和五十七年）、もうひとつは「三菱鉛筆　ハイユニ替え芯」（昭和五十九年）である。

ボウリングのピンが勢いよく倒され、一本だけ残った5番ピン。それはピンではなく新聞を読むサラリーマン風の男だった。「東京海上」CMは、今日、無事だったのは、偶然倒れなかったピンと同じだったのかもしれないと日常の備えの必要性を訴える。

一方、「三菱鉛筆　ハイユニ替え芯」は、整然と上向きにならんだ三千六百本のシャープペンから、ワルツに合わせてカチカチと芯を出す。多数の芯で作られた平面は虹色の波のようにうねり、その上を重いガラス玉が転がる。折れない替え芯の強さを鮮やかに実証するCMだ。

どちらもその制作法はとてもシンプル。「東京海上」はすべて人間大のピンなどをセットに配置し、タイミングを計って作られた。また、「三菱鉛筆」もすべて実物だけで作られた。

「CGがない時代ですからね。CGって出来上がらないとわかんないけど、実際に大きいものがあると、倒れる速度もリアルで撮影そのものがスリリングだし、何回もやり直さなきゃいけ

「東京海上」CM チームの打ち合わせ（1983年頃）
左から鈴木花子、鏡明、小田桐

ない。僕たちは『運動会』って呼んでました。簡単に撮ったものはなんか嘘くさいし、空間も不自然なんですよ。三千六百本の替え芯も、折れたらみんなで替えながら、何度もやる。みんなで知恵を出し合いながら共同作業でワイワイやるのは、楽しい。少し不便なほうが密度が濃くなるし、どうなるかわかんないからみんな工夫する。工夫って面白いんです」

「東京海上」のサラリーマン役は、ＣＭの制作会社の社長だった。度々営業に来ていてスカウト（？）され、そのまま出演が決定したという。

「ふつうの市井《しせい》の人に起きうることだと伝えたかった。タレントじゃ、作り物っぽくなりますからね。ボウリング篇のあとは、ビリヤード篇もあって、人間と同じ大きさの玉が転がるセットの中を歩かされた。本人は大変だったと思いますよ（笑）」

小田桐の作品からは、クリエイターがその手で作ったからこそ出る味、面白さが伝わってくる。

「ネットの時代、動画もたくさん出てますけど、三分あってもただ刺激があるだけでは心に残らない。今主流の十五秒スポットＣＭでは、短か過ぎて刺激だけで終わったり、番組が細切れになる短所がありますけど、だからといって長ければいいわけではない。ＣＭが短いってすごく大切なんです。一瞬にして人の心をつかむ。その技術ですから。ネットは自由になったって喜んでますけど、ＣＭの原点からはずれる可能性もある。

ＣＭは、視聴者と一騎打ち。いつスイッチを切られても目をそらされてもしょうがないわけですからね。でも、そうはさせない。そういう戦いなわけです。そういうゲームだから、うまくいった、笑ってくれた、こっちむいてくれたという喜びがある。映画でもないし、演劇でもない、小説でもないけど、ＣＭというもうひとつの表現が日本にはあると思います」

山像信夫
関西テレビ　ディレクター

僕の口癖は、理屈よりロマン

山像信夫／やまがた・しのぶ

一九三六年旧満州チチハル生まれ。同志社大学卒業後、六一年関西テレビ入社。「川端康成名作シリーズ」や『船場』『どてらい男』『ぼんち』などの同局のドラマの代表作を演出。七九年の退社後は妻で女優の野川由美子と「ロマン舎」を設立し、逢坂勉の名義で、舞台の作・演出でも活躍。『不死鳥ふたたび・美空ひばり物語』など作品多数。

昭和十一年（１９３６）、満州で生まれた山像信夫《やまがたしのぶ》は、関西テレビの一般採用一期生として入社し、多くのドラマを製作、演出。現在は作家・演出家、逢坂勉《おうさかべん》として活躍を続けている。

「僕の原風景は、満州、蒙古の砂漠です。あまりに不便で学齢が来ても馬車でも学校に通うのは無理。父は満州政府の高官でしたが出張が多くて、おふくろにも僕にも『ごめんな』が口癖で、アヘン政策の担当官じゃなかったかな。でも、僕の面倒を見てくれた満州人で兄貴替わりのスンリーが素晴らしい人で、いろんなことを教えてくれました。夏は草原で裸馬に乗り、冬は水を撒いてアイスリンク、夜はオンドルで火に薪をくべながらよもやま話」

敗戦直後、ロシア軍が入ってきて、引き揚げは地獄絵だったと語る山像だが、その経験やスンリーとの別れ、そして再会は後の仕事にも大きな影響を与えることになる。

山像の「テレビジョン」との出会いは幼少時。波乱の人生を生きた祖父の自宅でだったという。

「祖父が生まれた宇和島には、アメリカ人相手の色町があって、祖父の梅干六《うめろく》は異国の血が入っていることをさらりと僕に披瀝してくれました。赤子の口に梅干しを六個押し込んだら死ぬと言われていたのに、わしは死ななかったから名前を梅干六にしたって、ものすごい話でしょう。そういう環境だからどこにも定着できず、祖父は神戸に出て港湾荷役の旗頭になる。いつも家の前を通る白衣の天使、看護婦だった祖母に恋して、四年間外国船に乗り込み、彫りものをきれいに消して、なんとクリスチャンになりおおせて堅気になった。この話を聞いたのは母に連れられての里帰りのとき。もう、玄界灘を行き来する貨客船業を手広くやっていました。

孫の僕はきかん気が強い子でしたが、それがいいと、祖父は僕を可愛がってくれた。満州から遊びにきた僕に見せてくれたのが、箱型のアイコノスコープ受像実験の写真。祖父が持っていたのか、預かっていたのかはわかりませんが、それをなんとなく覚えているんですよ」

アイコノスコープは、画像を電気的信号に変換する撮像管で、この技術により、テレビのブラウン管に映像が映し出される。世界的には昭和八年（１９３３）の、アメリカのツヴォルキンによる発明が知られるが、日本では、一九二〇年代にテレビ実験に成功していたＮＨＫ技術研究所の、高柳健次郎によるアイコノスコープ試作と実験が、テレビジョンの実現に大きく貢献した。山像の祖父は高柳の手足になったという。

祖父は、「すごい発明やねん。これがうまいこと活用されたら、世界はひとつ。戦争なんかあほらしなる」と言った。

戦後、両親とともに神戸に落ち着いたが、後に東京の高校に転校。生活のため、アルバイトは欠かせなかったが、それもまた山像のテレビ人生につながっていくのである。

「ジャズが好きだったので、銀座の有名な店『テネシー』に皿洗いに入りました。ジョージ川口さんもそこにいて、僕は漫才したらいいのにってご本人に言ったくらい面白い人でした。『テネシー』には、その頃流行りのグレン・ミラーの楽曲もどんどん入ってくるし、素晴らしい演奏をたくさん聴いた。海老原啓一郎ご一統も帰国された。その後、アルバイトしたのが日劇ミュージックホールです」

日劇ミュージックホールは、昭和二十七年（１９５２）に開場した、有楽町の日本劇場の五階にあったホールで、トップレスの女性ダンサーによるショーやコメディアンらによるコントが上演された。女優の春川ますみ、テレビ番組の司会でも人気となったトニー谷らもこの舞台に立った。三島由紀夫が脚本を担当したこともある。

「ショーはハイソサエティでとてもきれいなものでした。いやらしいも何もないです（笑）。僕らは、おねえさん方が脱ぎ捨てていくものを下のクリーニングに持っていったり、裏方で走り回っていました」

当時の日劇は、東京のおとなの娯楽の中心だった。戦中は活動ができなかった多くの才能が集まり、エンタテインメントの世界での成功を夢見る若者の、憧れの地でもあった。

「日劇で偶然出会ったのが、コントに出ることになったエリックとファンファン（岡田眞澄）の兄弟です。ドアが開いたら向こうにすごくきれいな男がいた、という印象でした。ファンファンは僕とほぼ同い年、あの通りの美形だから、女の子たちからは常に騒がれていましたね」

のちに兄のエリックは、「外国人の顔してべらんめえ口調の日本語を話す」Ｅ・Ｈ・エリックの名前で人気タレントとなり、『歌のグランプリショー』などの司会、来日したビートルズのインタビューも担当。男性モデルの草分けとなった弟の岡田眞澄も昭和三十六年（１９６１）の『若い季節』（ＮＨＫ）はじめ、『マグマ大使』（フジテレビ）など多くの番組で親しまれる俳優となった。

出会いはさらに続く。

「僕はまだ十代でしたが、ショーの裏方をしながら、台本が書きたくて、和っちゃん先生（泉和助）に筋を通して、少しずつですが書かせてもらった。ある日、麻雀やっている中に誰だかわかんないけど、ひとりだけ関西弁しゃべる人がいた。それが兄貴みたいに死ぬまでおつきあいさせてもらうことになる花登筐《はなとこばこ》さんでした」

昭和三年（１９２８）、大津の近江商人の家に生まれた花登は、地元で演劇活動をはじめ、同志社大学卒業後、綿糸問屋に勤務したが、結核を患い退職。ラジオドラマの台本の持ち込みをはじめたことから、東宝と契約し、ラジオの台本、ミュージックホールの構成・演出に携わっていた。

一方、山像は同志社大学に入学し、演劇活動を開始。芝居の資金のため、シャンソンのイベントを企画したり、満州で馬に乗った経験を活かして映画の本場、太秦《うずまさ》で騎馬エキストラのアルバイトをする日々。卒業後は、映画の世界を志す。しかし、その進路について花登に相談すると、意外な言葉が返ってきた。

「『それやったら、いいこと教えまひょ。映画、映画って言ってもきっとつぶれる。おごったやつはそうなるのや』『これを言うとあんたとは長いつきあいになるけどな。テレビって知ってるか。新しいメディアや。あんたあうかもしれんよ』と言われた。僕はメディアって？　というくらい疎かったけど、ご説ごもっともと、関西テレビを受けることにしたんです。そしたら、花登さんの言った通り、映画は衰退、大映はつぶれました。世の中は変わってきていた」

昭和三十二年（１９５７）、試験放送時代のＮＨＫの寄席番組からテレビに関わっていた花登は、山像から相談を受けた当時、すでにミヤコ蝶々、芦屋雁之助《がんのすけ》らが出演した毎日放送の

『番頭はんと丁稚《でっち》どん』、大村崑《おおむらこん》主演の読売テレビ『頓馬《とんま》天狗』など、大阪の喜劇番組を中心に引っ張りだこの脚本家だった。テレビを知り尽くした先輩の言葉に、山像も自分の進路を考え直したことになる。

「関西テレビ合格がわかって、正直、よくこんなことができたと自分でも思いましたよ。新卒学生採用一期生の募集に四千人もきていて採用が八人。満州から帰ってから酒ばっかり飲んでた親父が、『テレビ、ええやないか』って。親父も幕末には勤皇の志士を匿《かくま》ったとか、馬賊になりたかったとか、激しい話が遺《のこ》る家の出でした」

花登筐（1972年）

関西テレビは、昭和三十三年（１９５８）開局。キー局であるフジテレビより開局は数か月早かった。

「当時の関テレは、八階建ての地味な社屋でした。僕らは研修で基本的なことをＮＨＫから来た講師に教わるんです。三階のエレベーターのところに並ばされ、『ＯＮ　ＡＩＲ』という掲示の意味を教えられて、空気の上とはなんぞやと思ったり。まったくそれくらいの知識ですよ（笑）。

当時、テレビ業界を目指す学生は技術系が多かった。僕ははじめから制作がやりたいと思ってましたけど、最初は舞台の回しをやれって言われた。できたばかりの梅田コマ劇場のステージの回り舞台のことです。そのコマの上に立たされて目が回ったり、舞台真上のキャットウォークの簀子《すのこ》の上を歩かされたり。怖かったですよ。なんや制作とは全然違うやないかと思ってね」

山像が最初に正式に配属されたのは、「報道部」であった。雰囲気はまるで昔ながらの新聞社だが、使うのはペンではなく、当時としては高価な16ミリ撮影機と音声録音機（通称デンスケ）である。そこには山像ら一期生が密かに「グレハマ」と呼んでいた荒くれの先輩たちがいた。彼らは開局に合わせ、さまざまな現場からテレビ局に入った男たちで、「腕一本」の自負とともに、ペーパーテストで入ってきた大卒一期生社員に屈折した感情を持つ者が多かった。彼らに「新米に理屈はいらん、ボケ！」と殴られ、怒る同期もいたが、バイトでこうした現場を経験していた山像は、グレハマ男たちの矜持《きょうじ》も理解できたという。

「グレハマのカメラマンは、フィルムを管理していて、飲み屋でケンカしたり気に入らないやつには、フィルムを少ししかくれへんのですよ。本当にそういうことがあるんです。あるとき、雑居ビルで火事が起きて、ぼーんと燃え上がったとき、グレハマが、誰でもいいから来いと言って、ついて行ったんです。この男はいい男なんだけど、イライラしては若いやつに怒鳴るのが癖でね。現場で僕がカメラ回してたら、35ミリの機材を回していたその男が『お前飛び込んで行って、手柄たててこい』と言い出した。それは火事の中へ入ることじゃないですか。当時は報道記者がなんでも撮る時代です。思い切ってやって出てきたら、グレハマが『ああ、よかった、生きてたんかい。お前、頭が金、金やないか』僕の髪が焦げて、金粉みたいになって……」

無茶をしたものだが、その後も山像とこのグレハマ大将（山像がこのカメラマンにつけたあだ名）は、豪雪で孤立した奥丹後に行き、雪崩《なだれ》の山間をぬって連絡ルートを確保したり、釜ヶ崎騒動の際に潜入取材したりと、コンビで特ダネ表彰を受けたりした。

山像はニュースと兼業で三十分のシリーズ企画『浪速風土記』を担当することになった。その構成を担当したのが、産経新聞の記者・福田定一《ていいち》。のちの作家・司馬遼太郎である。

「福田さんと交代で構成をしていたのが、アイ・ジョージを世に出した作家の石浜恒夫さん。まさに大阪文化を代表する人たちです。六二年には、このお二人が構成した開局記念番組で日本の秘境の取材を担当しました。吉野から大台ヶ原、十津川、熊野古道……当時から福田さんは街道を歩く企画を持っていたんですね。グレハマのカメラマンが危険も顧《かえり》みず筏《いかだ》下りの筏に乗れということになって大変でしたけど（笑）。

満州で育った僕にとっては、この年齢で日本の素晴らしさに触れられた、人生の収穫のような番組でした。同時に電力事業のために変ってしまった村の姿も知りました。廃墟になった映画館の中に美空ひばりさんの『伊豆の踊子』の長尺のフィルムを見つけて、地元の材木長者の家で上映会をしたことも忘れられません。石浜さんはその夜、豪快に酔って『俺もひばりを書く！』と仰った。福田さんも石浜さんもやさしい方で、僕はいろんなことを学ばせてもらいました」

石浜の言葉を受け、「美空ひばり」の企画を考えていた山像に、上司からドラマに行かないかと声がかかる。監督からのご指名だという。作品は国定忠治を主人公にした『無頼漢』。黒澤明作品の脚本家として知られる菊島隆三がシナリオを書いた、芸術祭参加作品だった。主演の田村高廣《たかひろ》は、山像が撮影所でバイトした大学時代、最初に接したスターであり、互いにシャンソン好きで、偶然、シャンソンを聴かせる店で隣り合わせた縁もあった。

希望通り、ドラマの現場に行けることになったが、そこはドラマというよりもトラブルの現場のようなところだった。

「日本テレビから派遣された監督でしたが、この監督がしょうもないことでいじいじ人をいじめる。とにかく下の連中に怒鳴り散らす。僕も『死んでまえ』『お前なんか、クビじゃ』と何度も言われました。真冬の田んぼのロケで、みんな寒いのをがまんしているのに、突然、『青々とした水が入った夏の田にせえ』と言い出したりね。一番困るのは、主演の女優さんのホテルに、必ず深夜電話することでした。昼間いびられ、夜中まで電話ですから、『もういや。帰ります』ってことになる。当時は夜遅く東京に飛ぶ飛行機があって、帰ろうと思えば帰れたんです。

プロデューサーもＡＤもみんな監督に嫌気がさして逃げちゃったから、結局、僕が話しに行くんです。泣いてる女優さんに『今日は帰りなさい。でも撮れなくなったらそれはあなたの責任ですよ』と話して、なんとか思いとどまってもらいました。

うちにも帰れず、会社で三時間仮眠すると、多い、二時間にしろ！　なんてこと言われる。みんな逃げて経費計算まで押し付けられたのに、なんで僕が続いたのかといえば、満州から引き揚げるときにおとなのひどさを見てるからね。こども心に、どこでこいつ殺したろかと思う経験をしてるんです。この監督は〝甘えた（甘ったれ）〟だなということはすぐわかった。田村高廣さんは、以前にもこの監督と仕事してたから、『えらい目にあってるな。あの男は前も（同じ態度）やった』と僕を心配してくれました。田村さんは親分肌で、その後も何本か仕事させてもらいました」

だが、その後、どうにもこの監督に耐えきれず、山像はついに小道具担当の先輩に借りたジュラルミンの短刀を片手に、監督を屋上に呼びつけた。この本気の抗議が功を奏したのか、監督はぐっとおとなしくなった。そのときのギラリとした刀が、実は本物の名刀だったというのは、後日わかった話。まるで映画のようだが、この小道具担当もまた、荒くれのグレハマのひとりで、思い切ったことを平然としてやってのけたのである。

苦難の末に完成した『無頼漢』が放送されたのは、昭和三十九年（１９６４）三月。数か月後に東京オリンピックを控えた時期である。東京のテレビ局は、オリンピック関連で特別編成を組み、大変な時期であった。しかし、山像ら在阪のテレビ局は、すでにこの時期、次の国家的大事業「日本万国博覧会」に向けた準備を始めていた。

「東京オリンピックでそれほど動くことはなかったですね。僕は小さな番組を持ちながら、『無頼漢』がやっとすんだと思ったとき、時の部長に『千里（万博）の件があるから行くか？』と言われて『行く行く！』どこでも行くって手を挙げたら、岡本太郎さん担当のプロデューサーのとこに入れられました。『太郎さんとこ行ってくれ』と言われてお宅にも何度も通いましたが、僕の印象は、とても素直な方。僕は好きだった。万博の準備でメインになるはずだったんだけど、いろいろ難航したり、もめて、つらそうな顔も見てましたよ」

昭和四十五年（１９７０）、華やかに幕を開けた万博会場にそびえたった太郎による「太陽の塔」は、延べ六千四百万人もの来場者の心に今も残る。まさに万博のシンボルである。

テレビは国民の暮らしの中心にどんと置かれ、番組も増え続けた。関西テレビでは常に五組のドラマ班が稼働していた。

「僕は、あの監督のアシストをやり遂げたことで、いくつかの班からチーフのオファーがきました。これは同期の中では異例の速さ。先輩も追い越していました。最初は、『母の記憶』というシリーズの単発ものを二本。これは一般公募した内容をドラマ化したもので、一本目は南田洋子さん主演、脚本は橋田壽賀子さんでした。二本目は奈良岡朋子さん主演です。僕は仕事に関してはすごく恵まれていました」

黎明期は三十分のドラマが主流だったが、『母の記憶』は、火曜日二十二時台の四十五分間。スポンサーは、大正期に大阪で創業した扇雀飴《せんじゃくあめ》本舗。関西テレビの看板ドラマのひとつであった。

その後、山像は同じドラマ枠で自らドラマの企画を提出。なんとか実現にこぎつける。

「『赤い鳥籠《とりかご》をもった女』という作品で、原作は『若い人』『青い山脈』の石坂洋次郎。明るい作風の小説家ですが、たまに暗い地べたを思わせるような作品を書く。これもその路線ですが、僕はこの原作がものすごい気に入ったんです。揺れる電車の中に、赤い鳥籠を持った憂い顔の少女がいる。その姿を見かけた中年の男が、なんでそんなに暗いのか、彼女にいっぺん声をかけたいと思う。単にそれだけの作品です。普通なら『地味だ』で企画が通らなかったと思う。それでも、若かったんやね（笑）。なんやかやと、勢いにまかせて通してしまった。

少女役は緑魔子《みどりまこ》さんにお願いしました。個性的で面白い人でした。自分が何を表現すべきかわかってる人だった」

緑魔子は、六〇年代半ばから東映作品を中心に、翳《かげ》のある悪女役を演じてきた。テレビへの進出も早く、『ザ・ガードマン』『Gメン'75』などにたびたび出演。新聞では「あばずれ返上」などと書かれたこのドラマの収録後、長年の夢だったリオのカーニバルに「気持ちよく、行って参ります」と出かけて行ったという。

『赤い鳥籠～』は自らの企画作品だけに、撮影にもこだわった。四台のスタジオカメラを総動員。レンズすべてを長焦点にして強調したいところだけにピントを合わせる。当時はまだ珍しかった手法を駆使し、凝りに凝った。さらにファンタジックな画にするため、画調をハイキーにして白っぽくし、照明も通常よりも強烈に当てる。煉獄《れんごく》の暑さに耐えることになったスタッフたちが、若造ディレクターのために奮闘してくれたのである。

そんな折、脚本家の花登筐から山像に連絡が入った。

「突然、花登さんからのお電話で『おー、つかまってよかったよかった。あんたのまじめな取材ものしょっちゅう観てるで。俺らの喜劇とは目指すところが違うやろけど。それで、同志社同士でいろいろ話したいんや、どないや？』と言われ、僕に否《いな》はなかった。『新地にいいバーがありますので』とさっそくにお誘いした。花登筐さんも飲む人です。お会いすると、実は悩んでると、スルリとおっしゃる。『ずっとチャラな笑いで押してきて、もうけさせてもらってここまできた。そやけど、やっぱりベースのある仕事をせなあかんと思うてる』と、今スタートしたばかりの青二才に、仲間としてのエールを送ってくださったのです」

関西のテレビ局とお笑い、喜劇番組との縁は深い。吉本の人気者たちによる『よしもと新喜劇』が昭和三十七年（１９６２）から毎日放送で、そして同じ年、のちに最高視聴率六四・八パーセント（関西地区）という驚異的な記録を打ち立てた藤田まこと・白木みのるの『てなもんや三度笠』が朝日放送で、それぞれスタートしている。

五〇年代からテレビの台本をてがける花登は、『やりくりアパート』『番頭はんと丁稚どん』などをヒットさせ、在阪各局がその作品を次々放送。昭和三〇年代の上方喜劇ブームの中心人物となり、自らの劇団を率いて、舞台公演も実施していた。しかしその実は、そろそろ軽い喜劇の〝チャラな笑い〟とは違う路線の作品への方向転換を模索していたのである。

「花登先輩は、唐突に『船場《せんば》に長浜ひかるさんという人がいて、この人は船場のはんなりとうさんの外見そのままやけど、やっぱり性根で根付いて生きてる人はすごいわ。字を書かはるねん。今度の〈船場〉〈堂島〉のタイトルを頼んでるねん。電話入れとくから、像《がた》やん、いっぺん会ってきたら』なんて言い出す。『きれいな人ですか』とか聞きつつ、なんで俺が会わないかんねんと思ったけどね（笑）。そういう人なんですよ、花登さんは。作品の雰囲気造りでスタッフを集めてはる。そう思ったらなんや、もうテンションが上がってきて、やったーの気分でした」

言われた通り船場に通った山像は、局長と制作プロデューサーから呼ばれ、花登脚本による日曜夜九時台のドラマを演出するよう言われる。それが『船場』だった。

『船場』は、船場商人に搾取され続けて亡くなった揚師（染め職人）の父の仇を討つため、船場の店に丁稚に入った少年・清吉が、商いを学び、しぶとく生き抜いていく姿を描く。成長した清吉を演じたのは、本郷功次郎。彼に商いを叩き込む中村鴈治郎、清吉を慕う人気芸者の八千草薫らの演技も評判を呼んだ。

この日曜夜への進出は花登にとっても、山像にとっても新しい挑戦になる。

『船場』が放送された昭和四十二年（１９６７）は、ＮＨＫの朝ドラマ『おはなはん』が五六・四パーセント、ＴＢＳ『ウルトラマン』が四二・八パーセントの視聴率を獲得。九重佑《ここのえゆ》三《み》子《こ》の『コメットさん』や青島幸男の『意地悪ばあさん』、関西テレビも本格的特撮テレビ映画『仮面の忍者赤影』をヒットさせるなど、こどもたちを夢中にさせた明るく楽しい番組が人気を集めていた時期である。それだけに『船場』は、異色のドラマといえる。しかも、真裏はＴＢＳの強力コンテンツ「東芝日曜劇場」である。

「当初は社内でもいろんな人に『なんでこんな地味な話を』と反対されました。僕らからしたら、そのいろんな人との接触で緊張感がいや増す。短期でいい数字を出さないと続かない。この世界では生きられない。ふんどしを締め直して、中村鴈治郎さんはじめ、片岡仁左衛門さん、上方歌舞伎の方たちにも協力を依頼し、その皆さんにも『東京に負けないものを』という熱意があって助けられました。幸い好評を得て放送が延長になって、書き足し、書き足しが続くからキャストはどんどん増えていく。僕は、いい結果を継続させるために志村喬《たかし》さんをキャスティング。黒澤明監督の東京人気にあやかろうと……」

他局や舞台の仕事を掛け持つ花登は多忙を極めた。新幹線での移動中も執筆を続けることから、「新幹線作家」「神風作家」とも呼ばれ、もっとも多い時期で月に二千枚もの原稿を仕上げたという。各局の花登担当のディレクターたちは、作家の行く先々で原稿が書きあがるのを待った。

「どこ行ってもあんなに作家が追いかけられる姿ってないですよ。ステーキハウスどころか、酒飲みながら書いたり、ゴルフ場でも原稿書くんですから。花登さんと付き合うには、ゴルフと麻雀は必須と言われましたが、僕はあえて付き合わないことにしました。そういう場所には顔は出さない。その代わり、あまりに達筆で、特定の（脚本）印刷屋のおやじさんしか読めないと言われていた花登さんの原稿を、僕は自分で読み通せると宣言して実行しました。それだけでも現場に届くまでの一手間がなくなりますからね」

山像は先輩後輩の強みで、台本を本人から直に受け取る。そんなシステムが許されていた。山像は台本を渡されると、局への復路で絵コンテを描き、キャストを構想する。見ごたえあるドラマを週一本仕上げるためには、一分が惜しい。花登からの破格の扱いはありがたかったが、その一方で山像は忙しすぎる恩人を気遣ってもいたのだった。

「どう見ても忙しすぎる。束の間の休みもとれていない。ノイローゼみたいになってはったたから、僕はこっそり知恵をつかって、新幹線のホームの一番はじっこに花登さんが休めるスペースを確保したんです。ホームから一階下がった、食べ処のスタッフが休憩をとる空きスペースを見つけて、花登ファンでもある親父を口説いてとりあえずの休憩場を作ったのです。あと、電話だけ入れといたら、花登先生にひと寝入りしてもらえる。爽やかホカホカのシャワーと、豪華一点のフランスベッド。部屋のバランスは決してよくないが、親父の思いがつまった小さな部屋でした。安眠道具がいろいろ入ったこのスペースのことは、最後まで人にはわからないようにできました」

『船場』に続き、地主との理不尽な争いを経験した少年が「百姓を救う」と誓い、堂島で相場師となるドラマ『堂島』も好評を得て完結。山像は、この二作に出演した女優・野川由美子と結婚した。局の研修でアメリカに飛び、一カ月間、ミュージカルを中心にエンタテインメントに浸る時間も得た。

帰国後、企画したのは、華やかな娯楽作品……ではなく、「川端康成名作シリーズ」であった。大谷直子の『雪国』、栗田ひろみの『伊豆の踊り子』などが、またも「東芝日曜劇場」と激突した。

「この企画は、川端康成の作品を女の生々しいドラマにすることで、もっとポピュラーにできないか。その延長で本も読まれるようにと思って考えたものです。『雪国』は北海道でロケ。栗田ひろみ、いい子だったな……まだ十五歳でしたけど、おとなでした。

当然、東京のドラマは意識しますよ。でも、僕は『日曜劇場』のプロデューサーの石井ふく子さんとも仲いいんです。裏に入るときに『今度はちゃんとやらせてもらいますよ、敵味方ですから』と六本木の店で笑いながら話したら、『今さら何言ってんのよ。それよりふたりで芝居一本ずつ持ってやろうか』って（笑）、肝が据わって楽しい方なんです。そして、この話は実現して『やるねえ、おふたかた』と大向こうで声をかけてもらいました」

そして、昭和四十八年（１９７３）秋にスタートしたのが、花登と山像の代表作『どてらい男《ヤツ》』だった。

福井の貧農の家に育った小学校卒の青年山下猛造が、困難にめげず、型破りな発想力と行動力で商売人として成長していく。花登が、実在の機械卸会社「山善」の社長・山下猛夫をモデルに書いた連載小説を自ら脚色した作品で、関西テレビ開局十五周年記念作であった。主人公の山下猛造、通称モーやんは西郷輝彦。初の連続ドラマ主演作に、人気歌手の西郷は断髪式で髪を刈り、撮影に臨んだ。

「花登さんは、『像やん、ええで。好きなものやってくれよ』と言ってくれました。花登さんの作品だから、いいキャストにも恵まれたし、会社を説得して、戦争のシーンや収容所の場面まで撮れる大規模なセットも作れた。西郷さんにはどれだけの規模か体験してほしくて、まだセットを建て込む前の広々した敷地を見せて回ってね」

森繁久彌の『だいこんの花』、森光子の『時間ですよ』などホームドラマ全盛期のテレビに乗り込んだ男の熱いドラマは、反響を呼び、「本編」に続き、「戦後編」「激動編」「死闘編」「総決算編」と、全一八一話続く人気シリーズとなった。

「三年半、一週の休みもなくの大記録を打ち立てたドラマですから、いろいろありました。挫折しかかったときも……でも、花登さんのすごいところは、原作が足りなくなっても、次々書けるテクニックがあること。回転が速いんです。つじつまが合わないところもあるのは事実（笑）。それでも進める力というか。西郷さんとは、飲んだ飲んだ。ドライ、カメリハ、本番終わって、僕は本来、そこからが編集仕事のスタートやのに、その晩はまあ飲むわね（笑）」

意地悪な番頭（高田次郎）や鬼軍曹（藤岡重慶）に踏みつけられても、「わいはやったるわい！」と奮起する『どてらい男』は、放送開始直後の石油ショックにより挫折感を味わった日本人を励ました、ともいわれた。再放送を望む声も多いが、残念ながらすべての映像は現存していない。

連続ドラマ長寿新記録を作った『どてらい男』。関係者に出演者のサイン入り記念レリーフが配られた（1977年）

このドラマの二年後、「四十歳で会社を辞める」と言っていた山像は、関西テレビを退社する。

「僕が会社を辞めたのは、ドラマの編集がきっかけというのもあるんです。俳優がいいところで涙をぽろっと流していれば、演出の僕はカットできないですよ。なのに下手な編集者はここで切ってしまう。そこでなんで切るねん。涙流してるのに機械の基準でやるって？　涙流れてるんやからそのままにしとけや。人間が機械に支配されてどうする。僕はこれ

で ダメだと思った」

脚本も手がけていた山像には「情が書ける」という評があった。機械的な編集が受け入れられるはずもない。

「ある晩、僕らがフィルムの缶ですき焼きやったんです。それを総務の人間も見てたんだけど、その場で言えばいいのに翌日、総務部長に呼ばれて『なんやろな』と思って行ってみると、『あのな、どうでもええけどな。職場にすき焼きのにおいを遺していくな』と注意されて。それだけかと思ったら、『ちゃうねん』と減給も……(笑)。まあ、そういうシステムなんですけどね」

現場ですき焼きなどをするのは、映画の職人たちの世界ではよく聞く話だが、局のサラリーマンの世界では常識破りだった。

また、山像は上司と部下がいる組織人ならではの苦労も味わっている。

「あるとき、プロデューサーから番組作れといわれたんですが、予算を聞いたらゼロっていうんですよ。ゼロってなんですか? とよく聞いてみると、そのプロデューサーが前のドラマで予算使い過ぎたから、タイアップでなんとかせいということで、冷たく言われた。時間もないし、どうするんだと思ったところに、川口浩さんから弟に恒《ひさし》というのがいて……と相談された。川口さんなら名前もあるし、いいかなと」

上司に悪条件を背負わされた山像が制作したのは、『日本列島走りある記』。川口恒と女性パートナーが車であちこちを巡る旅番組だった。報道時代の紀行番組の経験が活かされた。キャストもスタッフも最小限の低予算番組である。

　本当に山像が作りたい作品は何か。その心を理解していたのは、やはり花登だったのかもしれない。

「花登さんの筆名、『はなと』の由来は、バーナード・ショーです。『ピグマリオン』見たか？　なんて話もしたことがある。花登さんもど根性ものだけでは淋しい。本来、書きたいものがあったと思うんです。僕もそっちの方向が好きだし、書いてほしかった」

『ピグマリオン』は、一般には『マイ・フェア・レディ』という名で知られる。ど根性路線で知られる二人が、本来は美しく、洒落た作品を好んでいたというのは面白い。だが、花登は、昭和五十八年（１９８３）、五十五歳の若さで旅立った。

　退社後、山像は「ロマン舎」を立ち上げ、逢坂勉の名で脚本の執筆、演出を手掛ける。テレビよりも舞台作品が中心だ。

「僕の口癖は、理屈よりロマン。手造りの触感に安心する。そんなことを愚直に生涯追いかけていく気がしますねえ」

杉山茂

NHK ディレクター

「あとは野となれ山となれ」という気持ちで中継してました

杉山茂／すぎやま・しげる
一九三六年東京生まれ。慶応義塾大学卒業後、五九年にＮＨＫ入局。スポーツ番組の企画・制作・取材にあたり、八八年から九二年までＮＨＫスポーツ報道センター長。ＮＨＫ退局後はＪリーグ理事、ＦＩＦＡワールドカップ２００２日本組織委員会放送業務局長などを歴任。現在は番組制作会社（株）エキスプレススポーツのエグゼクティブプロデューサー。

昭和十一年（１９３６）に生まれた杉山茂は、慶應義塾大学ではハンドボール部で活躍。卒業後、昭和三十四年（１９５９）にＮＨＫ入局。当初よりスポーツ中継に関わり、のちに昭和三十九年（１９６４）の「東京オリンピック」の最前線で仕事をすることになる。

杉山がテレビの世界に入るきっかけになったのは、学生時代に目撃したある出来事だった。

「もともと僕は通信社に入りたいと思っていました。高校時代、マスコミの報道の中で、クレジットだけですけど、ロイター共同、ＡＰ共同という文字を見て、すごく国際的でおしゃれだと思った。でも、僕の周りは通信社を誰も知らないんですよ。そして、ただ漠然と通信社に入れたらと思っていた大学時代、早慶ボートの中継を有楽町の喫茶店のテレビで見たんです。その日は大雨と強風の悪天候で、レースの途中、慶應艇が沈没してしまった。その瞬間をテレビは映していました」

「何としてもゴールまでたどり着く」ことを目指して、八人の漕ぎ手のうちふたりが、あらかじめ用意したサラダボウルで雨水をかきだしてゴールした早稲田と、「全員で最後まで漕ぎぬく」ことを貫いた慶應、考え方の違いが現れたレースだった。勝者となった早稲田クルーは後日、再レースを申し入れたが、慶應は当初の判定に従うとして負けを認めた。このレースは小学校の教科書にも取り上げられ、語り継がれている。

「このレースは美談とされていますが、僕は沈没するシーンがそのまま生々しく映って、ビジュアルと報道性が同時にあることが面白いと思った。当時、映像といえば、もちろん映画が主流。でも、映画は作られたものです。僕のうちにまだテレビはありませんでしたが、生で伝えられるテレビはスポーツにぴったりだと思いました」

杉山は活字からテレビへと志望を変え、ＮＨＫに入局。「運動部」に配属される。

「今でこそ、スポーツは当たり前の言葉になっていますが、明治時代にはスポーツを翻訳するいい言葉がなかった。体育、競技、勝負、運動、遊戯、競闘……なぜか新聞社や活字メディアは『運動』を採用することが多く、放送関係ではＮＨＫは『運動』、民放ははじめから『スポーツ』でした」

入局当時のＮＨＫは、特殊な環境でもあった。

「すでにテレビの実験時期はすぎて、昭和二十八年（１９５３）から本格的な放送が始まり、番組もいろいろ増えていました。配属先は一応、希望は出すんですが、新人の希望がそう通ることはない。僕がラッキーだったのは、昭和三十九年のオリンピック開催地は東京が有力だと言われていた時期だったこと。ドラマ、音楽番組、報道志望の同期が多い中で、スポーツ志望と書けば、奇特な奴がいた、みたいな感じだったと思いますよ（笑）」

昭和十五年（１９４０）に、決定していた東京での夏季オリンピックの開催を返上していた日本は、昭和二十九年（１９５４）、昭和三十五年のオリンピック開催に立候補し、大差でローマに敗れていた。その後、昭和三十九年の開催に再び立候補。アジア初の夏季オリンピック開催実現に向けて、準備が進められていた。東京での開催が西ドイツ・ミュンヘンでのＩＯＣ総会で正式に決定したのは、昭和三十四年五月。杉山が入局した直後のことである。得票数は東京三十四票、デトロイト十票、ウィーン九票、ブリュッセル五票であった。

「ローマから東京開催までの四年間は、NHKではオリンピックをどう撮るか、こういうことをもできるんじゃないかと、みんなで研究し、いろいろ開発していく時間でした。僕ら新人ディレクターにとっては幸運、素晴らしいタイミングで仕事を始めたことになります。特に東京オリンピックは、NHKがすべての競技を放送することになったから、気負いもすごかった。でも、僕が実際に仕事を始めて感じたのは、テレビを面白くしていくのは、ディレクターやアナウンサーではない。放送技術の進化こそが、テレビを高めていくということでした」

テレビ放送開始直後は、ディレクターはラジオとテレビの両方をこなすことが多かった。クイズや料理番組は、次第にテレビ中心になっていくのに対して、スポーツはまだラジオの実況が主流。テレビの中継は手探りだった。

「とにかくカメラが三台しかない。極端に言うと、映ればいいというレベルです。テレビのスポーツ中継というと、街頭テレビの力道山の試合が有名ですよね。格闘技はリングも広くないし、映るのは二人。一台のカメラで十分なんです。だから、相撲やプロレスリングはテレビに向いている。アメリカではボクシング人気のおかげでテレビの普及が進んだとも言われていま す。人数が少ないほどうまく映るから、体操、フィギュアスケートもいい。ボールを使うスポーツでは卓球、テニスが少人数ですが、卓球は照明がいる。屋外でプレーするテニスのほうが撮りやすい。一九三七年にはイギリスでBBCがウインブルドン大会を放送しています」

杉山は現場で走り回ることになった。

「先輩たちにくっついていくんですが、中継とはこういうものかと初めて知ることばかりでした。〝中継三カメラ時代〟と言われるけど、たくさんある中の三つではなく、三つしかないんです。先輩ディレクターがまず考えるのは、試合開始時間に太陽がどこにあるか。逆光に立ち向かえるカメラはなかったから、太陽の位置はすごく重要です。たいていはメインスタジオはお客さんもまぶしくないよう考えられているので、そこに一台据えると決める。残り二台はディレクターによって置き方が違います。映り込む角度を大事にするのか、ロングかクローズアップかサイズを重視するのか、人によってずいぶん違う。

自由にカメラを置けるわけじゃありません。NHKでは『カメラ位置を決めに行く』というんですが、たとえば神宮（球場）ではカメラを置いたところが指定席だと、その席を売らないでほしいと頼まなければなりません。カメラによって視界が遮られるキラーシートもできる。競技によっては一カ月以上前からチケットを発売するから、交渉しないといけない。僕はほとんどアマチュアの試合を担当していましたが、その都度、確認していました」

施設側もテレビ中継を受け入れる体制が整っていなかった。スタッフは、大きく重いテレビカメラを搬入したり、中継車を停める場所を決めるだけでも一苦労だったという。

「カメラのセッティングは力仕事、重労働でしたね（笑）。無線じゃないから、場内のカメラからケーブルを場外の中継車まで延々引くことになります。中継車の位置を決めるのは大変でした。中継車は四トンもある。下地を割っちゃうこともあるので、何か敷くとかチェックもします。その上で一番肝心なのは、放送局に電波をどうやって送るか。先輩の中には、来年の担当者用に、会場ごとの特徴をカルテのようにまとめたノートを作ってくれる人もいました。下見をていねいにやる先輩につくか、おおざっぱな先輩につくかで、自分のディレクターとしての将来、道が違ってきたんだと思います。放送が終わって技術スタッフによるカメラなど機材の撤収がすべて済むまで、ディレクターは残っているべしといった厳しい教えもありました」

目まぐるしい日々を送る入局二年目。杉山は名古屋に異動となる。

「名古屋に異動したのは結果的によかった。いきなりキャリアがあるディレクターとして扱われ、全部自分でやらないといけないので鍛えられました。ＮＨＫ名古屋放送局の大きな仕事は、中日ドラゴンズの試合と大相撲名古屋場所ですが、どちらもプロなのである程度やることは決まっています。愛知、岐阜、三重、静岡、東海四県の中高生の水泳、陸上大会など学生スポーツはもとより、県議会の中継や大須《おおす》観音の節分の中継もやりました。選手の動きが予想できないスポーツと違って、節分はどこから赤鬼が出てくるかはわかっているから、カメラは追いやすい。その分、狙いをはずせないプレッシャーはありました（笑）」

名古屋への異動は、のちに多くのオリンピックに関わることになる杉山に、放送人として新たな意識も持たせることになった。

「名古屋で東京との違いをしみじみ感じました。東京にはＴＢＳと日テレがあって、僕らのライバルだった。ところが、名古屋にいくとＮＨＫと地元の東海テレビ、中部日本放送には仲間意識がありました。東京オリンピックの全競技の制作を担当したのは、ＮＨＫの意地みたいなものだったのかもしれない。でも、いい放送をしたいと願う者同士、オリンピックも民放と合同で制作できたらと、すごく思いました」

杉山の願いは、東京オリンピックから三十年以上たった、平成十年（１９９８）の長野冬季オリンピックで実現することになる。「長野で民放もＮＨＫも、ディレクターたちがいっしょに仕事できたのはとてもよかった」と杉山は語るが、名古屋に異動したばかりの一九六〇年当時、それはまだ夢の話である。

昭和三十五年（１９６０）八月二十五日。ローマオリンピックが開幕した。

オリンピックのテレビ初放送は、昭和十一年（１９３６）のベルリンオリンピックとされる。テレビ技術で先行していたのはイギリスだったが、「世界一のオリンピックにする」というヒトラーの号令のもとで、テレビ放送を実行したのである。ただし、それはベルリン市内のごく一部に映像が届けられただけの、実験的なものだった。ベルリンの次、一九四〇年にオリンピック開催が決まっていた日本もテレビ技術開発には力を入れ、すでに早稲田大学と、「日本のテレビの父」と呼ばれた浜松高等工業の高柳健次郎の二派によって、中継車の開発も手がけられていたとされる。戦局の悪化で幻となった東京オリンピックが開催されていれば、日本のテレビ技術史が変っていた可能性が高い。

昭和二十三年（１９４８）のロンドンオリンピックでは、イギリス国内での放送が実現、昭和三十一年（１９５６）のコルチナ・ダンペッツオ冬季オリンピックではＲＡＩ（イタリア放送協会）による中継が実施され、ローマ大会ではヨーロッパ各地に映像が届けられることになった。

「ローマは、テレビオリンピックの最初と言われた大会です。僕は名古屋から東京に呼ばれて、オリンピック関連の仕事をした。中でも一番重要な役割は、イタリアから航空便で届く録画テープを羽田で受け取って、局に運ぶことでした」

杉山が「宇宙中継（衛星中継）よりもインスタントラーメンよりも画期的な二十世紀の大発明」と称賛する録画テープは、昭和三十一年、アメリカのアンペックスが開発していた。ローマに派遣されたＮＨＫのテレビクルーは、イタリアの放送局が撮影したオリンピックの映像を録画し、毎日貨物航空便で東京に送り続けたのである。

「それまで中継は放送したら終わり。送りっぱなしでしたから、ラジオの録音テープのようなものができればというのは、テレビ人の夢でした。現像作業が必要なフィルムと違って、テープは映像を保存してそのまま運べる。スポーツは運べるものになった。その技術を真っ先に使ったのがローマオリンピックでした。

羽田に着くビデオテープのアルミの箱を受け取る。報道用の荷物は一番最初に出てくるんですが、なんていうんでしょうね……僕はあまり興奮する質《たち》ではないんですが、でかくて重い箱を受け取るたびに責任感みたいなものを感じていました。『これを俺がこのまま持っていたら、ローマのオリンピックの放送ができないんだよな』なんて思ったり。羽田に行くときは電車、帰りはさすがにタクシーでしたが、渋滞に巻き込まれると遅れるときもあるし、そうすると局についてからの作業時間が短くなるわけです。夕方、僕が持ち帰ると、ビデオを再生して、どこを使うか決めます。テープは再生しないとどこに何が入ってるかわからないし、編集にも時間がかかる。日本の選手が活躍した場面をその日の夜の放送に使うのは大変でした。しかも、視聴者はラジオの同時中継や新聞の速報で試合の結果は知っているんです。新聞の速報が印刷されている頃、テープは空の上を飛んでいた。僕らテレビはラジオより新聞より遅いメディアでした」

ローマ大会では、体操男子団体総合の金メダル、個人では鉄棒・跳馬で金、個人総合で銀メダルを獲得した小野喬、ウエイトリフティング・バンタム級の三宅義信の銀メダルなど、日本選手団は華々しい活躍をみせた。しかし、その姿を記録した録画テープは現存していない。

「当時のテープはものすごく高価で、当初、名古屋にはたった三巻しかなかったことを覚えています。『使わせてやるぞ』みたいな感じでした（笑）。さすがにローマオリンピックでは何巻も用意されていましたが、それらはやがていろいろな番組に使われていきました。録画するたびにテープの質が落ちるので履歴カードが入っていて、調べてみるとひとつのテープが料理、落語、音楽、六大学野球と、いろいろ使われていた。アーカイブとして残そうとか、そういう時代ではなかったんですね」

スポーツをどう伝えるか、オリンピックをどう見せるか。「若いからそんなこと思ってなかったが、振り返ると神経と体力がよくあった」というローマオリンピック期間のハードな経験は、杉山はじめ、多くのディレクターを育てたといえる。

「ローマのころ、録画されたシーンをカットすることになると、テープに捨てる部分が出る。切って編集するなんて相当熟練したディレクターしかできないことで、ものすごく大変でした。今みたいにカウントが出てこないし、二、三秒のことで編集に三時間くらい平気でかけていました。キャリアを積むと『これは』という映像、個人的なこだわりも出てきます。芸術作品じゃないけど、レースの前、結果が出た後、この選手がニコッと笑う瞬間までいきたいとか思うんですよ。

スポーツは人間がやってる。人の表情はとても大切です。日本国内の大会は日本人選手だけですが、オリンピックの素晴らしさは国際性にある。それがローマから届いたアルミの箱に入っていると思うと、興奮したし、この映像を流すことによってスポーツが別のものに見えるのではないか。スポーツを美しいものだと強調するのは嫌だけど、どっかに人間ドラマがあるし、オリンピックは、見たこともない人間の群れだということが、テレビを通して伝わったんではないでしょうか」

ローマオリンピックの後、力が入れられたのは衛星中継技術だった。

「当時は『宇宙中継』と呼ばれていましたが、宇宙に衛星によるステーションを作ってアメリカ大陸、ヨーロッパ大陸に映像を送るというダイナミックな発想が、いよいよ実現することになった。実際は日本からアメリカに飛ばし、そこからカナダを経てヨーロッパに繋ぐという仕組みで、まだ日本とヨーロッパとは直結していない状況でした」

昭和三十八年（１９６３）十一月二十三日。世界的にも画期的な衛星放送の実験を、多くの人が祝賀ムードで待ち構えていた。しかし、史上初めて太平洋を越えてアメリカから届いたのは、ケネディ大統領暗殺の瞬間という悲劇的な映像だった。

「名古屋局で見ていた僕はなんだか全然わからない、信じられない気持ちでした。こういう衝撃的な第一報が即座に届く。世界は小さくなっていくけれど、テレビは国際政治と紛争とスポーツを放送し続けるだろう。その中で一番平和的なのはスポーツです。僕らはスポーツを届け続けたいと思いました」

昭和三十九年（１９６４）一月から開催されたインスブルック冬季オリンピックでは、ABC（アメリカの放送局）により、開会式とアイスホッケーのダイジェストが宇宙中継された。杉山がホッケーとマラソンの中継を担当する東京オリンピックは、目の前に迫っていた。

世界初の「テレビオリンピック」と言われる昭和三十九年（１９６４）の東京オリンピックのテレビ放送については、特筆すべき点が三つある。

ひとつ目は、当時「宇宙中継」と言われた衛星中継技術を本格的に使って、欧米を中心に、世界に映像を送り続けたこと。ふたつ目は、まだ本放送ではなく実験段階だったカラーで、いくつかの試合を放送したこと。三つ目は、制作のすべてをNHKが独占したこと。

杉山が駒沢オリンピック公園総合運動場の競技場で行われるホッケーの担当になったのは、杉山と同じく慶應出身の先輩プロデューサー、廣《ひろ》堅太郎の推薦によるものだった。

「廣さんは戦前、大学で鳴らしたホッケー選手。僕はハンドボール部でしたが、たまたまハンドとホッケーは駒沢エリアで試合をやっていたんです。ホッケーもハンドもマイナーなスポーツで、日本ホッケー協会の役員でもあった廣さんにしてみれば、僕は、『おお、マイナーな駒沢の同志がきた』くらいの感覚だったと思います（笑）。誰がどの競技の中継をやるか。バスケやバレーは経験者の先輩もいたので、ホッケー、水球、サッカーなどは若いやつにやらせとけという空気はありました。廣さんは僕に『お前、ホッケーやりなよ』と。それで決まりです」

古くは古代エジプトの壁画にも描かれるほど古い歴史を持つホッケーは、近代では上流階級に好まれる芝のフィールドスポーツとして発展してきた。日本には二十世紀初頭には伝わり、オリンピックにも昭和七年（１９３２）のロサンゼルスオリンピック以降出場していたが、なかなか普及しなかった。その理由のひとつが、日本人にとって芝は庭園の観賞用で、そこで走り回るのに抵抗があったからともいわれる。当然、中継も少なく、ホッケーを知るスタッフもほとんどいない。杉山らは、関係者からルールを学ぶところから始め、開催前年にはリハーサル大会でホッケー中継のポイントも確認した。

「ホッケーのゴールは小さく、シュートはゴール前のシューティングサークルの中から打つのがルール。バスケのように大量得点するものではなく、なかなか点が入らない。1点勝負になります。映像を作る側としてはサークルに入るまでは予備動作、サークルに入ったら、ゴールキーパーや守る側と点を入れる側のごちゃごちゃしたところを狙う。パス、タックル、ドリブル、鮮やかなシュート、ゴールキーパーのファインプレーなどは特に見せ場ですよね」

東京オリンピックには、男子のみ十五チームが参加。日本は予選Aプールに入り、優勝候補のパキスタン、オーストラリア、ケニア、ニュージーランド、ローデシア（現在のジンバブエ）、イギリスと同じ組だった。駒沢には第一から第三までホッケーの競技場が新設され、姫《ひめ》高麗芝《こうらいしば》の鮮やかな緑が輝くフィールドが出来上がった。しかし、中継で使えるカメラは三台しかない。メインスタンドに二台、片側ゴール側に一台。三台を三つの競技場で使いまわす。ここに映るものがすべてであった。

昭和三十九年（1964）十月十日土曜日。

日本晴れの国立競技場で、東京オリンピックの開会式が始まった。スタンドいっぱいの観衆、鳴り響くファンファーレ、九十四か国七千人あまりの入場行進、青空にブルーインパルスが描いた五輪……今も語り継がれるこうした場面を、杉山は駒沢のテレビ画面で見た。翌日、ホッケーの初中継「日本・パキスタン戦」を控え、準備に追われていたのだ。

「そんなに気負いみたいなものはなかったですが、国内放送じゃないという緊張感はありました。自分たちが作った唯ひとつの映像に日本ではNHKや民放のアナウンサーが言葉を乗せ、海外ではそれぞれの国の言葉が乗るんだなと」

中継のある日は、自宅を朝五時か六時に出た。ホッケーはすべてデーゲームでナイターはない。杉山は明るい陽射しの中での競技が気に入っていたという。

「現場で最初にするのは、三台のカメラが同じレベルになっていないと家庭の受像機の映像が乱れるので、その確認。NHKは大所帯ですから、昼食などは担当セクションが駒沢に昼前に弁当を届けてくれます。昼食時間はディレクター、アナウンサー、解説者、技術、みんなバラバラ。合間の打ち合わせでディレクターが言うのは、たとえば、インドのラルはいい選手だから、困ったらラルに行こう、レフリーが有名だから押さえようとか。自分が仕入れた情報を共有します。いますよ、その選手やレフリーを（笑）。

大切なのは、僕らが送るのは、インターナショナルシグナルだということ。僕らは放送と言うけど、電波は信号化されているから、技術的には信号です。このときはじめて教わったのは、国際的にはどちらの国もフィフティーフィフティーで撮るべきである、ということ。偏りなく世界に発信する通信社の原稿と同じだと、廣さんは言いました。僕はもともと通信社志望だったから、これはうれしかった。ただし主観がゼロではない。得点を入れたらやっぱりヒーローです。一瞬にして世界的なヒーロー、スーパーヒーローになることもある。そのときは深追いしていけ。この中継の精神はずっと僕に染みつきました」

十月十一日。いよいよ始まった日本とパキスタンのゲーム。主導権を握ったのはやはり、前回のローマオリンピックで金メダルのパキスタンだった。ローマでは、0対10で日本は完敗している。だが、その後、日本チームは海外遠征で若い選手を鍛えてきた。序盤から続くパキスタンの猛攻に全員で耐え、守り続けた。

前半一一分。ついにパキスタンがゴールを決めた。ゴールの右隅に叩き込まれた強烈なシュート。その瞬間をカメラは確実に拾った。

「こういうとき、国際映像としてはまず、得点して喜ぶパキスタンの選手、チームをメインに映します。でも、国内向けなら、残念がってる日本のゴールキーパーを見せたい。『取り返してやるぞ』といった表情の日本側のエースなどを狙うのですけど。今だったら、画面を分けて複数の映像を見せるなどいろんな仕掛けができますが、当時はできません。点が入るのが少ない競技だから、得点チーム、失点チーム、喜ぶ観客、コーチ、いろんなリアクションを見せるチャンスも少ないというのはありました。しかし、サークル内の攻防は、全景、遠景用のBカメラでいこうとあらかじめ決めてますから、映し損ねることはまず、ありませんでした」

ＮＨＫと民放では習慣的な用語が異なることがよくある。ＮＨＫではカメラをＡカメ、Ｂカメと区別するが、民放では1カメ、2カメと呼ぶのが通例だ。

後半もボールを支配したのは、やはりパキスタンだった。二十分過ぎ、一度だけ、日本にゴールのチャンスがあったが、失敗。結局、1対0で日本は敗れた。

「主導権は圧倒的にパキスタンが握っていましたが、それでも前王者に食い下がったのはよかった」

その余韻に浸る時間もなく、杉山には次の中継が待っていた。第三競技場で行われた日本対オーストラリア戦。ホッケーで唯一、カラー放送されることになっていた。

「カラー放送を担当するのは嬉しいことでしたが、スタンドがきちんとしていた第一競技場へもっていきたかったのが、スケジュールの関係で第三でやることになったから、大変でした。第三ホッケー場は、スタンドがすべてパイプでできた仮設なので、俯瞰するカメラを設置するために八メートルのカメラやぐらを特設しなければならなかったんです。その高さに大きなカラーカメラを上げるだけでも大変だった。ほかのカメラも、お客さんが動くと揺れるんですよ（笑）。設営の段階からどんな画を出すかより、カメラ台の安全、安定のために、スタッフはいろいろ調整が必要でした」

当時の記録をみると、番組編成の基本計画が決まった段階では、カラー放送は「開会式のほか、適当な種目を実況中継する」とされ、カラー中継競技が確定していなかったことがわかる。

その後、「一日一中継」を基本に開・閉会式、ウエイトリフティング、ホッケー、レスリング、バレーボール、体操、柔道、サッカー、馬術の八競技に決定。第三競技場からのホッケーのカラー中継は一時間二十二分。カラー放送の延べ時間では八競技中、もっとも短い。もっとも長くカラー放送されたのは、四日間にわたり延べ十一時間以上中継された体操であった。

「ホッケーの観客席は、これがオリンピックかというほど閑散としてました。（駒沢の競技場がある）世田谷の小学生が一番観に行ったのがホッケーだったと思います。子どもたちはルールを知らないから、どっから打ってもシュートかと思って騒いじゃう。僕はそのときに思いました。オリンピックを見に行くなら、その競技がどんなスポーツで、どんな国のチームが出るか教えておいてくれと。開催が夏休みではなかったこともあって、オリンピックはそう満員の会場があったわけではない。特に日本が出てない試合は静かでした」

ホッケーの日本チームは、同じプールのケニア、ローデシア、ニュージーランドには勝利したものの、オーストラリアとイギリスには敗北。決勝トーナメントに進むことができず、五位、六位決定戦でも敗れ、七位以下という結果に終わった。

十月二十一日、杉山はもうひとつの担当競技、マラソンの中継に入る。こちらは閑散どころか、ローマ金メダリストのアベベや日本期待の君原健二、円谷幸吉《つぶらやこうきち》、寺沢徹の走りを一目見ようと声援を送ろうという人々で、コース沿道が埋め尽くされた。大会のハイライトといってもいい競技であった。そして、オリンピック史上、初めて全コース中継が実施されたレースにもなる。スタート・ゴール地点の国立競技場にカメラ三台、往路二・五キロと復路三八・五キロ地点の日本製粉に二台、キユーピー食品に三台、二〇・五キロの折り返し地点に三台など、テレビカメラを総動員する体制に加え、移動中継車から、人工衛星の替わりに自衛隊のヘリコプターに電波を飛ばして映像を送る。当時の日本の放送技術を集約した画期的な中継であった。だが、杉山はある危惧を抱いていたという。

「マラソン完全中継はNHKとTBSが国内で成功していましたが、オリンピックほど大きなレースは誰もやっていない。特に放送技術者としては挑戦し甲斐のあるものでした。でも、中継車はラジオ一台、テレビ一台しかない。そうすると先頭集団しか映せないんですよ。ローマの実績からアベベ独走は見えてた。そうすると中継車は二時間アベベだけで、後ろで繰り広げられる選手たちのすさまじい場面が狙えないんです。僕は、「ラジオはテレビ映像を観ても話せる。みんなテレビの時代って言ってるんだから、二台ともテレビでいいじゃないですか」と上司に言いました。生意気でしたよ（笑）。でも、結局ラジオ中継車は残った。僕は、新人時代からいろいろなことを教わった先輩プロデューサーで、東京オリンピック全競技のテレビ中継フォーマット（形態）を作った一人の小林貫二《かんじ》さんから、『折り返し点をやれ』と言われた。役割はアシスタントでしたが、小林さんと組むのは初めて。張り切りましたよ。そこは全選手がくるし、表情も狙いやすい。事実、いいポイントでしたが、やっぱりテレビ中継車がもっとあれば……とは思いましたね」

午後一時。曇天から小雨模様のコンディションの中でスタートしたレースは予想以上のハイペースで展開し、杉山の予想通り、二〇キロ地点の前あたりから、アベベが抜け出す。中継車は独走のアベベを追い続け、杉山が担当した折り返し地点の固定カメラに切りかわると、アベベに離された円谷ら各選手の表情をかなりの至近距離で撮った。クライマックス、国立競技場の固定カメラの映像には、「大歓声に迎えられました！」「栄光のアベベ！」の声とともに、午後三時十二分に圧倒的な強さでゴールインしたアベベ、「デッドヒートであります！」と言われながら競技場トラックでイギリスのヒートリーに抜かれ、三位でゴールし、疲れ果てて見える円谷らの姿が残る。マラソン中継は、アベベのゴールから約五〇分間、競技場に入ってくる全選手を映し出し、午後四時十分に終了した。日本期待の君原は八位、寺沢は十五位だった。

東京五輪、陸上男子マラソン折返点（調布市飛田給）のアベベ・ビキラ選手

　杉山は忙しい。日本中が注目したマラソン中継の翌々日の二十三日には、ホッケーの決勝「インド対パキスタン」戦が行われたのだ。両国は長年、トップ争いをするライバルで「インパキ戦」と呼ばれ、熾烈な戦いで知られていた。ローマでも金メダルをかけて戦い、このときはパキスタンが勝利。東京でも接戦が続き、延長戦の結果、1対0でインドが勝利した。

「終わった後に喜んでるインドと、呆然と立ち尽くしているパキスタン。勝者と敗者は常にある。たいてい日本だと敗者は帰っちゃうんですが、宿敵に王座を奪い返されたパキスタンはフィールドに残っていたんですよ。縦位置にカメラを置いたから、双方が撮れた。僕は自分でいい画が撮れたと思うことはめったにないですが、このときは明暗を分けた両チームをひとつの画面で伝えられ、いいシーンに出会えたと思いました」

しかし、選手の表情に見入っていたのは、ほんの一瞬だった。

「勝った瞬間、観客席のインド人がスタンドから全部フィールドに飛び降りてきた。日本にこんなにインド人がいたのかというくらいの大人数です。テープは投げるわ、抱き合うわ、お祭り騒ぎ。選手も観客もいっしょに大喜びするから、そこにカメラを向けてればすべて絵になる。このシーンは夜のニュースにたくさん出ました。僕はスポーツの見方、楽しみ方ってこういうものかと思った。日本人は応援団の統率がないと応援できないし、あの東洋の魔女と言われたバレーの、日ソ戦で金メダルとったときも、誰も飛び降りたりしなかったでしょう（笑）。五輪の精神は国対国じゃないけど、観る側はそうなる。僕がディレクターとして生きていく中で、忘れられない一戦になりました」

残念ながら、インドもパキスタンもテレビの普及が進んでおらず、中継が両国ともラジオだけだったと杉山が知ったのは、三年後。〝テレビオリンピック〟の現実だった。

だが、国対国の戦いの場とはまったく違う顔を、オリンピックは最後の最後に見せたのである。

「閉会式を僕はスタジオで観ていたんですが、驚きましたよ。直前まで、開会式みたいにきちんとアルファベット順で選手全員が入ってくると思ったら、いろんな国の選手がひと塊になって、にぎやかに行進してきた。まったく想像できない光景でした。スポーツのさよならパーティーですよね（笑）。実況の土門正夫アナウンサーはどうしゃべるのかと思ったら、実に見事にアドリブで語った。几帳面な人だから、あらかじめ国別、選手団別に話すことを考えてきていたと思うんです。でも、そういうのをほっぽり出して素晴らしい語りをした。僕はそのときにスポーツってこういうもので、テレビのスポーツを伝える仕事をしてよかったと思った。自分の選んだ道はよかったかなと」

ホッケー決勝を制し、喜びに沸くインド選手と応援団

　閉会式で笑顔を見せ、手を振る選手たちを見つめながら、土門は「そこには国境を超え、宗教を超えた美しい姿があります。このような美しい姿を見たことがありません」と語ったのだった。

　杉山は夏冬合計十二回のオリンピックの現場で仕事をした。「スポーツは始まったら、何が起こるかわからない。僕はずっと『あとは野となれ山となれ』という気持ちで中継してましたよ」と笑うが、感動や美談を押し付けることを嫌い、「自分もあの場にいたい」と視聴者が感じる放送をずっと目指してきた。その気持ちは、たった三台のモノクロカメラで見つめた「１９６４東京」のときから、変わることはなかったのである。

あとがき

昭和三十七年（１９６２）、「週刊ＴＶガイド」が創刊された年、つまりガイド誌が必要なほどに日本の家庭にテレビが普及した年に生まれた私は、典型的なテレビっ子として育ちました。朝起きてテレビ、学校から飛んで帰ってテレビ、夜寝るギリギリまでテレビ。笑いも音楽もスポーツも、歴史も家族関係も男と女のムズカしさも、いつもテレビから教わってきた気がします。私にとって、自分が夢中になったテレビの歴史がどう始まり、発展してきたかを取材するのは、大きな目標のひとつでした。

「小説新潮」に本書の基となる連載を始めるとき、タイトルをどうするか、いろいろ考えました。「テレビの夢」「テレビ奮闘記」「テレビ夜明け前」……昭和期の話になるので、昭和っぽいタイトルがいいと思っていたのですが、口からふと出てきたのは「荒野」という言葉でした。

テレビは、長く「映画より下」と見られていました。受像機が大変高価で、普及するか、先が見えなかった黎明期、専門家もいない未知の世界にあえて飛び込んだ人たちは、まさに荒野に立つ思いだったのではないか。取材を続けて、その予想が当たっていたとよくわかりました。困難は予想以上だったというのが実感です。

印象的だったのは、ご登場いただいた方々の記憶が実に鮮明であること。失敗談もハプニングも、スタジオの雰囲気や時代の空気まで織り込みながら、目に見えるように楽しげにお話ししていただけたことです。タフで明るく、人との出会いを大事にする。時に開き直りの強さも見せる。ジャンルは違っても、荒野の歩き方には共通点もありました。

貴重な資料のご提供をいただき、長時間のインタビューを受けていただいたみなさんに深く感謝を申し上げます。また、「小説新潮」連載担当の小林加津子さん、単行本化担当の小林由紀さん、編集のおふたりには大変お世話になりました。ありがとうございました。

最後にテレビっ子を代表して、僭越ながらひとこと言わせてください。

――日本のテレビはすごい！　すごい人たちが創ってきたんだよ！

こう叫べる日がきたことをとてもうれしく思います。

令和二年六月

ペリー荻野

写真出典一覧

石井ふく子	p7 撮影・菅野健児　p21 新潮社写真部　p26 読売新聞社
杉田成道	p29 撮影・青木登　p45 ご本人提供
	p48 ©時代劇専門チャンネル/スカパー！/松竹
橋田壽賀子	p49 撮影・菅野健児　p52/63 ご本人提供
岡田晋吉	p71 撮影・菅野健児　p77/86 ご本人提供
小林亜星	p93 撮影・菅野健児　p104 読売新聞社　p109 撮影・坪田充晃
菅原俊夫	p115 撮影・菅野健児　p131 ご本人提供
中村メイコ	p137 撮影・菅野健児　p140/146/149/157 ご本人提供
久米明	p159 撮影・菅野健児　p167/175/177 ご本人提供
小林信彦	p181 撮影・編集部　p191 ご本人提供　p200 新潮社写真部
小田桐昭	p203 撮影・菅野健児　p217/222 ご本人提供
山像信夫	p225 撮影・野川由美子　p231 読売新聞社　p243 ご本人提供
杉山茂	p247 撮影・坪田充晃　p265 読売新聞社　p267 AFLO

初出　小説新潮 2017 年 11 月号〜2019 年 12 月号

テレビの荒野《こうや》を歩《ある》いた人《ひと》たち

著　者／ペリー荻野《おぎの》

発　行／2020年 6 月 20 日

発行者／佐藤隆信
発行所／株式会社新潮社
郵便番号 162-8711　東京都新宿区矢来町71
電話・編集部03(3266)5411・読者係03(3266)5111
https://www.shinchosha.co.jp
印刷所／大日本印刷株式会社
製本所／大口製本印刷株式会社

ISBN978-4-10-339422-8　C0095
乱丁・落丁本は、ご面倒ですが小社読者係宛お送り
下さい。送料小社負担にてお取替えいたします。
価格はカバーに表示してあります。